Bartmann / John
Präventive Umweltpolitik

Hermann Bartmann / Klaus Dieter John (Hrsg.)

Präventive Umweltpolitik

Beiträge zum 1. Mainzer Umweltsymposium

GABLER

Prof. Dr. Hermann Bartmann und Dr. Klaus Dieter John lehren Volkswirtschaftslehre an der Universität Mainz.

Die Deutsche Bibliothek – CIP-Einheitsaufnahme

Präventive Umweltpolitik : Beiträge zum 1. Mainzer Umwelt-
symposium / Hermann Bartmann und Klaus Dieter John (Hrsg.).-
Wiesbaden : Gabler, 1992
　　　ISBN 3-409-16008-6
NE: Bartmann, Hermann [Hrsg.] . Mainzer Umweltsymposium <1, 1991>

Der Gabler Verlag ist ein Unternehmen der Verlagsgruppe Bertelsmann International.
© Betriebswirtschaftlicher Verlag Dr. Th. Gabler GmbH, Wiesbaden 1992
Lektorat: Gudrun Böhler / Heike Scheufele

Das Werk einschließlich aller seiner Teile ist urheberrechtlich geschützt. Jede Verwertung außerhalb der engen Grenzen des Urheberrechtsgesetzes ist ohne Zustimmung des Verlages unzulässig und strafbar. Das gilt insbesondere für Vervielfältigungen, Übersetzungen, Mikroverfilmungen und die Einspeicherung und Verarbeitung in elektronischen Systemen.

Die inhaltliche und technische Qualität unserer Produkte ist unser Ziel. Bei der Produktion und Auslieferung unserer Bücher wollen wir die Umwelt schonen: Dieses Buch ist auf säurefreiem und chlorfrei gebleichtem Papier gedruckt. Die Buchverpackung Polyäthylen besteht aus organischen Grundstoffen, die weder bei der Herstellung noch bei der Verbrennung Schadstoffe freisetzen.

Die Wiedergabe von Gebrauchsnamen, Handelsnamen, Warenbezeichnungen usw. in diesem Werk berechtigt auch ohne besondere Kennzeichnung nicht zu der Annahme, daß solche Namen im Sinne der Warenzeichen- und Markenschutz-Gesetzgebung als frei zu betrachten wären und daher von jedermann benutzt werden dürften.

Druck und Buchbinder: Lengericher Handelsdruckerei, Lengerich/Westf.
Printed in Germany

ISBN 3-409-16008-6

Vorwort

Das Mainzer Umweltsymposium will ein Forum für die Diskussion aktueller umweltpolitischer Fragestellungen aus ökonomischer Perspektive sein. Es wird von Univ.-Prof. Dr. H. Bartmann und Univ.-Doz. Dr. K.D. John in Zusammenarbeit mit dem Umweltzentrum der Universität Mainz veranstaltet. Die Ergebnisse des 1. Mainzer Umweltsymposiums werden im vorliegenden Tagungsband zusammengefaßt. Er enthält - mit einer Ausnahme - die überarbeiteten Referate sowie die Zusammenfassungen der Diskussionsbeiträge.

Die Zusammenfassungen der Diskussionsbeiträge wurden von Dipl.-Hdl. B. Hedderich, Dipl.-Vw. A. Föller und Dipl.-Vw. H. Borchers erstellt, bei denen wir uns dafür ganz herzlich bedanken. Für organisatorische und finanzielle Unterstützung danken wir dem Umweltzentrum der Universität Mainz und der Landeszentrale für Umweltaufklärung Rheinland-Pfalz, insbesondere deren Leiterin Frau M. Löhr.

Hermann Bartmann
Klaus Dieter John

Inhalt

Einleitung
Von Hermann Bartmann und Klaus Dieter John 1

Präventive Umweltpolitik
Von Hermann Bartmann 11

Zur Anwendbarkeit ökonomischer Instrumente in der Umweltpolitik
Von Hans G. Nutzinger 27

Ziele und Instrumente einer Energiepolitik zur Eindämmung des Treibhauseffekts
Von Peter Hennicke 49

Kommunale Energieinitiativen gegen die Klimakatastrophe am Beispiel der EUROSOLAR-Regionalgruppe Mainz-Wiesbaden
Von Martin Frenzel und Richard Auernheimer 101

Autorenverzeichnis 119

Einleitung

Von Hermann Bartmann und Klaus Dieter John
Universität Mainz

Das 1. Mainzer Umweltsymposium stand unter dem Generalthema präventive Umweltpolitik. Obwohl das Prinzip Prävention grundsätzlich und allgemein anerkannt wird, wird es bisher kaum realisiert. Erkennbar übersteigt das Wachstum der Umweltprobleme das Wachstum des Sozialprodukts (Präventionsdefizit).

Angesichts der Tatsachen, daß den Industrienationen (aber auch den meisten Entwicklungsländern) die Umweltprobleme über den Kopf wachsen, daß viele Umweltprobleme globale Ausmaße mit irreversiblen Folgen erreicht haben, daß sich die Industrienationen ihre ökonomischen Reproduktionsgrundlagen zerstören, ist eine grundlegende Neuorientierung der Umweltpolitik dringlich. Reparatur-, Kompensations- und Entsorgungsmaßnahmen sowie traditionelle Gefahrenabwehr und Vorsorge durch Auflagen, Abgaben und/oder Haftungsregeln sind zwar bis auf weiteres unverzichtbar, aber nicht ausreichend. Präventive Maßnahmen sind insbesondere angezeigt in folgenden Fällen:

- Wenn Nachsorge teurer oder gar unmöglich ist.
- Wenn die Internalisierung und damit das Verursacherprinzip wegen fehlender Zurechenbarkeit versagen.
- Wenn Informationsmängel insbesondere bezüglich Spätfolgen und Synergismen vorliegen und/oder irreversible Schädigungen und Gefährdungen zu erwarten sind.

Viele Umweltprobleme sind in die Klasse der globalen Großgefahren (Atom, Chemie, Genetik) aufgerückt, für die Prävention zwingend ist, da Nachsorge nicht möglich ist und die herkömmlichen Instrumente des Verursacherprinzips versagen. Prävention ist dabei mehr als bloße Vorsorge. Prävention im Sinne einer umfassenden Neuorientierung der Umweltpolitik beinhaltet mindestens folgende Aspekte:

- Ökologisierung der Wirtschaft in Richtung umwelt- und ressourcenschonende Produktion und Konsum durch eine ökologische Wirtschafts- und Strukturpolitik (u.a. durch Verschärfung des Ordnungsrechts, Einführung von Öko-Steuern und Umweltabgaben, Reform des Umwelthaftungsrechts, umweltorientierte Interventionen, Struktur- und Technologiepolitik mit den Kriterien Humanisierung, Umweltschonung, Fehlerfreundlichkeit).

- Ökologische Strukturreformen (Dezentralisierung, Dekonzentration, Demokratisierung). Z.B. fördert die Kommunalisierung der Energieversorgung das Energiesparen, die effiziente Energieverwendung und -produktion, regenerative Energiequellen und vermeidet irreversible Großgefahren und Risiken. Die notwendigen Strukturreformen betreffen insbesondere die Bereiche: Energie, Verkehr, Chemie und Landwirtschaft.

Um diese Aspekte präventiver Umweltpolitik geht es in den Referaten und Diskussionen des Symposiums. Zwei theoretische Beiträge eröffnen die Diskussion. Der Einführungsvortrag von Bartmann versucht eine Deutung des Begriffs der präventiven Umweltpolitik und beschäftigt sich mit der Frage, wie der Präventionsgedanke stärker in die deutsche Umweltpolitik einbezogen werden kann. Nutzinger diskutiert die Frage der Brauchbarkeit ökonomischer Instrumente der Umweltpolitik insbesondere in Hinblick darauf, ob diese am Verursacherprinzip orientierten Maßnahmen hinreichend für eine wirksame Umweltpolitik sind. Anknüpfend an Nutzingers Forderung nach ökologischer Neuorientierung (Prävention im engeren Sinne) geht es im Referat von Hennicke um eine umweltverträgliche Energieversorgung (Energiewende) und um die Frage einer Neubewertung der Atomenergie vor dem Hintergrund einer drohenden Klimakatastrophe. Im abschließenden, dem Aspekt der praktischen Umsetzung einer neuorientierten Energiepolitik gewidmeten Beitrag stellen Frenzel und Auernheimer die Möglichkeiten kommunaler Energieinitiativen vor.

Nutzinger geht bei seiner Diskussion der Anwendbarkeit ökonomischer Instrumente in der Umweltpolitik von der Feststellung aus, daß alle marktwirtschaftlichen Instrumente der Umweltpolitik eine Gemeinsamkeit aufweisen: sie wollen die Kosten des Umweltverbrauchs in Geldgrößen ausdrücken und sie dem Verursacher anlasten. Durch die Internalisierung der als externe Effekte zu deutenden Umweltbelastungen kommt es zu einer Korrektur der aus ökonomischer Sicht nichtoptimalen Allokationsstruktur. Gegen die Nutzung marktwirtschaftlicher Instrumente zur Korrektur der fehlerhaften Allokation werden von Nichtökonomen manchmal Vorbehalte geäußert. Marktwirtschaftliche Instrumente träfen die Verursacher dann nicht, wenn es sich um Produzenten handelt, die in der Lage sind, die durch den Instrumenteneinsatz bei ihnen hervorgerufenen Kostensteigerungen auf die Verbraucher weiterzuwälzen. Nutzinger weist zu Recht daraufhin, daß es beim ökonomischen Verursacherprinzip nicht um die Bestrafung irgendwelcher "Verursacher" geht, sondern darum, daß die Marktpreise die tatsächlichen Kosten des Umweltverbrauchs möglichst zutreffend widerspiegeln.

Für Nutzinger haben die Begriffe "ökonomische Instrumente der Umweltpolitik" und "marktwirtschaftliche Instrumente der Umweltpolitik" die gleiche Bedeutung. Zu ihnen zählt er alle Instrumente, die eine indirekte Verhaltenslenkung der Wirtschaftseinheiten durch positive oder negative finanzielle Anreize erreichen wollen. In diese Kategorie fallen demnach ökologisch orientierte Abgaben, Umweltnutzungsrechte, Kompensationsverfahren, haftungsrechtliche Regelungen und Subventionszahlungen. Weil Subventionen das Verursacherprinzip verletzen und die erforderliche Steuerungsfunktion nur sehr unvollkommen erfüllen, schließt Nutzinger diesen Teil des umweltökonomischen Instrumentariums aus dem Kreis der marktwirtschaftlichen Instrumente der Umweltpolitik aus. Ebenfalls nicht zu den marktwirtschaftlichen Instrumenten der Umweltpolitik gehören die in der Praxis bislang ganz eindeutig dominierenden ordnungsrechtlichen Regelungen.

Nutzinger weist darauf hin, daß alle marktwirtschaftlichen Instrumente über finanzielle Anreize ganz ähnliche Wirkungsmuster aufweisen. Durch alle Instrumente wird ein gegebenes Umweltziel effizient - im Sinne minimaler Kosten - angestrebt. Darüberhinaus hebt er die Existenz eines dynamischen Anreizeffektes hervor, der permanent die Entwicklung und Implementierung des umweltfreundlichen technischen Fortschritts fördert. Ordnungsrechtliche Lösungen werden in der umweltökonomischen Literatur dagegen meist negativ bewertet. Hier wird insbesondere auf die Ineffizienz hingewiesen, die dadurch entsteht, daß (globale) Auflagen keine Rücksicht auf die spezifischen Vermeidungskosten der einzelnen Umweltnutzer nehmen. Darüberhinaus, so wird argumentiert, führen ordnungsrechtliche Maßnahmen zu einem Stillstand des umweltfreundlichen technischen Fortschritts, weil die Entwicklung von umweltfreundlichen Neuerungen durch den Zwang einer mit zusätzlichen Kosten verbundenen Implementierung (Orientierung am Stand der Technik) "bestraft" wird. Diese Kritik von Auflagenlösungen muß aber in beiden Punkten relativiert werden. Erstens gilt in der Praxis nicht für alle Produzenten die gleiche Auflagenhöhe. Vielmehr ist häufig eine Staffelung zu erkennen, die einen - zumindest losen - Zusammenhang zu den Vermeidungskosten herstellt. Zweitens ist darauf zu verweisen, daß umweltfreundlicher technischer Fortschritt auch von auf Umwelttechnik spezialisierten Anbietern realisiert wird, die ein durchaus eigennütziges Interesse zur Weiterentwicklung des Stands der Technik antreibt. Die Befürchtung, daß durch ordnungsrechtliche Lösungen der umweltfreundliche technische Fortschritt zum Stillstand gebracht wird, erscheint daher übertrieben.

Auch wenn in vielen Fällen von einer Überlegenheit marktwirtschaftlicher Instrumente gegenüber ordnungsrechtlichen Verfahren ausgegangen werden kann, müssen doch auch die Grenzen eines solchen Ansatzes gesehen werden. Neben den Problemen, die die Folge fehlender Be- bzw. Zurechenbarkeit sind, unterstreicht Nutzinger vor allem die Gefahren, die sich aus einer Verabsolutierung des ökonomischen Ansatzes ergeben. Der Versuch, *alle* Umweltprobleme auf ein rein ökonomisches Bewertungs- und Steuerungsproblem zu reduzieren, verkennt die Tatsache, daß ökonomisches Handeln nur einen Ausschnitt aus der Lebenswirklichkeit darstellt. Den Grund für eine Tendenz zu einer solchen "ökonomistischen" Betrachtungsweise sieht Nutzinger in einer falschen Grundorientierung des Umgangs mit der Natur, die auf die Idee der Naturbeherrschung im abendländischen Denken zurückzuführen sei. Es ist daher ein grundsätzliches Umdenken gefordert, eine neue Grundorientierung, die die Natur nicht in erster Linie in Hinblick auf ihre Nützlichkeit für den Menschen betrachtet und in der der Mensch sich als Bestandteil der Natur versteht.

Eine so skizzierte neue Grundorientierung relativiert die Bedeutung von marktwirtschaftlichen Instrumenten der Umweltpolitik, weil sie Umweltpolitik ganz wesentlich auch als gestalterische Aufgabe begreift, die dem Markt und seinen Regulierungsmechanismen Vorgaben machen muß. Das gilt nicht nur für Verbote von extrem gesundheitsgefährdenden Stoffen, sondern auch für die Höhe von Abgabesätzen bzw. zulässigen Belastungsmengen. Es gilt für Verkehrs- und Landschaftsplanung ebenso wie für den Rahmen, der für marktwirtschaftliche Instrumente abgesteckt wird, und für Regulierungen im Bereich der Endnachfrage.

Marktwirtschaftliche Instrumente der Umweltpolitik bedürfen auch einer Ergänzung durch eine flankierende Technologie- und Sozialpolitik. Private Initiative tendiert zu einer Bevorzugung von nachgeschalteten Reinigungstechnologien, weil sich hier entsprechende Absatzmöglichkeiten erschließen. Aus umweltpolitischer Sicht wären jedoch Vermeidungstechnologien vorzuziehen. Folgt man der These Nutzingers, daß die Entwicklung von Vermeidungstechnologien häufig in den Bereich der Grundlagenforschung fällt, diese aber wegen der hohen Kosten und des Auftretens von Externalitäten von den Privaten in zu geringem Umfang betrieben wird, erscheint eine staatliche Technologieförderung in diesem Bereich sinnvoll.

Flankierende staatliche Maßnahmen sind auch dort notwendig, wo durch den Einsatz marktwirtschaftliche Instrumente Gruppen von Nachfragern in sehr unterschiedlicher Weise getroffen werden. Dies gilt etwa bei einer aus umweltpolitischen Gründen sinnvollen und daher wünschenswerten massiven Verteuerung des Verbrauchs von nichtregenerativen Energieträgern. Für die einkommensschwächsten Schichten muß ein Weg gefunden werden, der diese Verteuerung nicht nur sozial erträglich macht, sondern auch die finanziellen Möglichkeiten für umweltfreundlichere Verhaltensalternativen schafft. Nutzinger weist hier aber zu Recht darauf hin, daß die Grenzen der sozialen Abfederung eng gesteckt werden müssen, wenn die umweltpolitische Zielsetzung nicht auf der Strecke bleiben soll.

Daß marktwirtschaftliche und administrative Instrumente der Umweltpolitik keinen sich ausschließenden Widerspruch darstellen, sondern sich im Gegenteil in vielen Fällen sinnvoll ergänzen, verdeutlicht Nutzinger am Beispiel des gerade angesprochenen zentralen umweltpolitischen Problems der Verringerung des Energieverbrauchs in Produktion und Konsum. Eine Verteuerung des Energieverbrauchs etwa durch eine entsprechende Abgabe bedarf der Ergänzung durch Verbrauchs- und Verfahrensvorschriften und durch die Entwicklung und Bereitstellung ressourcen- und umweltschonender Alternativen.

Als Fazit der Überlegungen Nutzingers läßt sich festhalten, daß die ökonomischen Instrumente der Umweltpolitik einen wichtigen Beitrag zur Verbesserung der Umweltqualität leisten können. Man muß sich jedoch auch der Grenzen einer rein ökonomischen Umweltpolitik bewußt sein und sehen, daß eine Weiterentwicklung der sozialen Marktwirtschaft, die die ökologischen Belange besser berücksichtigen kann, immer auch administratives Handeln und letztlich einen anderen Wirtschaftsstil verlangt, der als ein wesentliches Element einer präventiven Umweltpolitik verstanden werden kann.

Nutzingers Feststellung, daß ein möglichst breiter Einsatz marktwirtschaftlicher Instrumente zwar notwendig, nicht aber hinreichend für eine erfolgreiche Umweltpolitik sei, wird im Beitrag von Hennicke aufgegriffen und exemplifiziert. Hennicke beleuchtet die Notwendigkeit einer präventiv orientierten Umweltpolitik aus einer spezifischen Perspektive. Er leitet aus den massive Umweltfolgen, die der Treibhauseffekt hat, die Notwendigkeit einer umfassenden und weitreichenden Energiepolitik (Energiewende) ab.

Der Treibhauseffekt zeigt einmal, daß die Grenzen für die Verwendung nichtregenerativer Energieträger nicht nur in den begrenzten Vorräten liegen. Der Treibhauseffekt unterstreicht aber auch - deutlicher als dies bei vielen anderen Umweltproblemen zu Tage tritt - die weltweiten wechselseitigen Abhängigkeiten im Bereich ökologischer, aber auch ökonomischer Probleme. Die verschiedenen von Hennicke betrachteten Szenarien machen deutlich, daß an einer sofortigen und drastischen Verminderung der zum Treibhauseffekt beitragenden Emissionen in den Industrieländern kein Weg vorbeiführt. Der Weltenergieverbrauch und die Freisetzung von Emissionen ist zwischen Industrie- und Entwicklungsländern extrem ungleich verteilt. Will man die Entwicklungsländer nicht vollständig der Entwicklungspotentiale berauben, die die Industrieländer in der Vergangenheit für sich in Anspruch genommen haben, dann muß der Energieverbrauch der Industrieländer noch stärker zurückgedrängt werden, um so den Ländern der 3. Welt verbesserte Entwicklungschancen zu schaffen.

Folgt man der Überlegung, daß sich eine durch den Treibhauseffekt bedingte Klimakatastrophe nur über eine nachhaltige Verminderung des Weltenergieverbrauchs vermeiden läßt, knüpft sich die Frage an, auf welche Weise dieses Ziel erreicht werden kann. Hennicke argumentiert, daß eine herkömmliche CO_2-Minderungspolitik auf nationaler Ebene nicht ausreicht. Um das erforderliche Ergebnis zu erzielen, sind weltweit abgestimmte Maßnahmen erforderlich, die jedoch nicht nur den Gleichklang der CO_2-Minderungspolitiken im Auge haben dürfen. Das Steuerungsproblem wird dadurch erschwert, daß die einzelnen fossilen Energieträger in unterschiedlichem Maße zum Treibhauseffekt beitragen. Nur aus diesem Blickwinkel betrachtet müßten - in der genannten Reihenfolge - Braunkohle, Steinkohle, Erdöl und dann erst Erdgas durch Energieträger ersetzt werden, die den Treibhauseffekt nicht verschlimmern. In diesem Zusammenhang müssen auch die damit verbundenen unterschiedlichen ökonomischen Interessen und Bedürfnisse der einzelnen Nationen berücksichtigt werden. Völlig unterschiedlich stellt sich die Situation etwa für die energieimportierenden Länder, die erdölexportierenden Länder, Länder mit Kohlereserven und Länder ohne nennenswerte Energieträger dar. Ein Interessenausgleich zwischen diesen Ländern muß jedoch gefunden werden, wenn es nicht zu krisenhaften Zuspitzungen der Interessenkonflikte kommen soll.

Stimmt man der These zu, daß sich das Klimaproblem letztlich nur im internationalen Rahmen durch eine entsprechende Weltenergiepolitik in den Griff bekommen läßt, erhebt sich die Frage, ob und, wenn ja, welchen Beitrag die einzelnen Nationen leisten können? Genauer gefragt, kann die Bundesrepublik - unabhängig von den bisher wenig ermutigenden internationalen Absprachen - einen eigenständigen Beitrag zur Eindämmung des Treibhauseffektes leisten? Auf den ersten Blick sieht dies nicht so aus, weil der Anteil der Bundesrepublik an den weltweiten CO_2-Emissionen nur ca. 5% beträgt. Die quantitative Bedeutung einer nur von der Bundesrepublik verfolgten CO_2-Einsparungspolitik kann daher nur begrenzt sein. Hennicke weist jedoch auf eine Reihe von Argumenten hin, die diesen quantitativen Aspekt als eher zweitrangig entscheiden lassen. Wichtiger ist, daß internationale Abkommen wohl nur zustandekommen, wenn führende Industrieländer eine Vorreiterrolle übernehmen. Hinzu kommt, daß die

Bundesrepublik in der Lage ist, die Weichenstellung in der EG entscheidend zu beeinflussen. Darüberhinaus sollte auch nicht übersehen werden, daß eine Vorreiterrolle nicht nur mit Kosten verbunden ist, sondern daß sich auch - über das direkte Ziel des Klimaschutzes hinaus - Erträge in Form der Entwicklung und Verfügbarkeit zukunftsträchtiger Technologien ergeben. Wie Hennicke weiter argumentiert, bestehen beträchtliche, bisher nicht ausgeschöpfte Energie- und CO_2-Einsparungspotentiale, insbesondere im Bereich der rationelleren Energienutzung, aber auch durch den verstärkten Einsatz regenerativer Energien. In weiten Bereichen kann bei diesen Einsparungspotentialen davon ausgegangen werden, daß sogar volkswirtschaftliche Nettogewinne erzielt werden können, die Investitionskosten also durch die vermiedenen Energiekosten überkompensiert werden.

Bei der Frage, mit welchen Instrumenten die Energieeinsparungs- und CO_2-Verminderungspolitik realisiert werden soll, ergibt sich ein deutlicher Anknüpfungspunkt zum Referat Nutzingers. Auch Hennicke plädiert für den umfassenden Einsatz marktwirtschaftlicher Instrumente (Steuern, Abgaben und Zertifikate), und auch er vertritt dezidiert die Position, daß der Einsatz der genannten marktwirtschaftlichen Instrumente insbesondere im Fall des Treibhauseffektes allein nicht ausreicht. Die Auffassung, daß die Internalisierung externer Effekte über marktwirtschaftliche Instrumente allein nicht gelingen kann, belegt er mit einer Reihe von Argumenten. Hierbei weist er insbesondere auf die enormen wettbewerbs- und ordnungspolitischen Probleme im Bereich der Energieversorgung hin, die zur Folge haben, daß die Anbieter von Energiespartechnologien gegenüber den energieverkaufenden EVUs erheblich benachteiligt sind. Hinzu kommt, daß u.a. wegen der herrschenden Struktur der Energiemärkte eine pretiale Lenkung Abgabensätze erfordern würde, die politisch wohl kaum durchsetzbar sind.

Ein zentraler Schritt in Richtung auf eine wirksame CO_2-Minderungspolitik ist nach Auffassung Hennickes der Umbau der Energiversorgungsunternehmen in Energiedienstleistungsunternehmen. Das Produkt, das die Unternehmen anbieten, soll nicht die Energie an sich sein, sondern ein "Paket", das sowohl den Verkauf von Energie als auch den Verkauf von Einsparungsmaßnahmen umfaßt. An die Stelle der Maximierung des Energieabsatzes soll als Unternehmensziel die Bereitstellung von Energiedienstleistungen mit möglichst geringem Energie- und Kosteneinsatz treten.

Die in jüngerer Zeit in die Diskussion gebrachte Überlegung, daß sich der Treibhauseffekt nur durch einen vermehrten Einsatz von Kernenergie eindämmen lasse, wird von Hennicke zurückgewiesen. Er stützt sich dabei im wesentlichen auf drei Gesichtspunkte. Erstens sei es nicht sinnvoll, ein lebensbedrohendes Risiko (Treibhauseffekt) durch ein anderes (Kernenergie) zu ersetzen. Zweitens sei bei einer entsprechenden Umorientierung der Energiepolitik, die auf konsequente Nutzung von Einsparpotentialen und auf regenerative Energieformen setzt, nicht nur der Ausbau der Kernenergie unnötig, sondern sogar ein Ausstieg ohne größere Probleme möglich. Drittens stehe die Nutzung - mehr noch der geforderte Ausbau - der Kernenergie der wirtschaftlichen Durchsetzung des

Energiesparens und der regenerativen Energieformen im Wege, obwohl beides technische Alternativen bietet. Bei diesem letzten Punkt weist Hennicke darauf hin, daß der Markt für Energietechniken schon immer ein stark durch die Politik beeinflußter Markt war. So konnte sich die Kernkraft als Energielieferant in der Bundesrepublik nur durch die massive politische und finanzielle Förderung des Staates etablieren. Alternative Energien werden sich dann durchsetzen können, wenn sie ebenso gewollt und gefördert werden, und wenn beim herrschenden Überangebot durch Stillegung eines Teils der Angebotskapazitäten ein Platz für die Einführung innovativer CO_2-Reduktionstechnologien geschaffen wird.

Die Umsetzung vieler der von Hennicke geäußerten Vorschläge, insbesondere die Förderung von Maßnahmen zur Energieeinsparung sowie die Förderung der Nutzung regenerativer Energien, hat sich die Vereinigung EUROSOLAR zur Aufgabe gemacht. Nach den eher theoretisch ausgerichteten Vorträgen sollte im letzten Beitrag des Symposiums der Versuch unternommen werden, eine Brücke zwischen theoretischen Überlegungen und praktisch ausgerichteter Energiepolitik zu schlagen. Dazu wurde der Regionalgruppe Mainz-Wiesbaden von EUROSOLAR die Gelegenheit gegeben, über ihre Arbeit zu berichten.

EUROSOLAR ist ein im Jahr 1988 in Bonn gegründeter gemeinnütziger Verein, der sich für energiesparende Stromgewinnung und -nutzung, für rationelle Energietechnik und -nutzung sowie für die Markteinführung solarer Energien einsetzt. EUROSOLAR spricht sich zwar klar gegen Atomenergie aus, befürwortet aber - im Gegensatz zu vielen Umweltgruppen - Großtechnologien im Bereich der Gewinnung und Nutzung von Solarenergie. Eine genaue Trennung zwischen Solarenergie i.e.S. und anderen regenerativen Energieträgern wird nicht gezogen, d.h. auch deren Einführung und Nutzung soll durch EUROSOLAR gefördert werden. Zu den Mitgliedern von EUROSOLAR gehören u.a. - über Parteigrenzen hinweg - Politiker, Techniker und Umweltexperten.

EUROSOLAR hat die Einrichtung einer Internationalen Solarenergieagentur im Rahmen der Vereinten Nationen vorgeschlagen. Diese soll langfristig die Internationale Atomenergieagentur in Wien ablösen. Aufgabe der Internationalen Solarenergieagentur soll die weltweite Förderung der solaren und erneuerbaren Energien sein. Darüberhinaus wird die Schaffung eines einheitlichen, ökologisch verträglichen EG-Energievertrages gefordert. Zu den Themen, mit denen sich Arbeitskreise auf Bundesebene beschäftigen, gehören u.a. Markteinführung der Solarenergie, Solarenergie und wirtschaftliche Strukturräume, Solarenergie und Dritte Welt sowie solare Verkehrssysteme der Zukunft.

Charakteristisch für EUROSOLAR ist die prinzipielle Technikorientierung. Im Unterschied zu vielen Gruppen der Ökologiebewegung setzt EUROSOLAR auf eine technologische Lösbarkeit des Umweltproblems. Insbesondere die Möglichkeit von Solarenergie im Zusammenhang mit der Wasserstoffnutzung wird in den Mittelpunkt gestellt. Dabei wird auch auf großtechnische Anlagen gesetzt.

Gegenwärtig arbeiten in der Bundesrepublik achtzehn Regionalgruppen von EUROSOLAR. Die Regionalgruppen haben es sich zur Aufgabe gemacht, die Ideen von EUROSOLAR auf kommunaler Ebene voranzutreiben. Sie verwirklichen diese Aufgabe durch Aufklärungsarbeit zu Themen, wie dezentrale Energiepolitik, Energiesparen und Einsatz rationeller Energietechniken.

Die Regionalgruppe Mainz-Wiesbaden veranstaltet jeweils im Frühjahr und im Herbst Hearings, die vor allem ein Gesprächsforum für Bürger, Politiker und Fachleute bilden sollen. Darüberhinaus werden regelmäßig Fachvorträge angeboten. Nach den Vorstellungen der Regionalgruppe Mainz-Wiesbaden läßt sich eine umweltverträgliche Energieversorgung nur auf dem Wege der Kommunalisierung erreichen. Daher wird eine vollständige Eigenversorgung durch die Kraftwerke Mainz-Wiesbaden sowie ein Energieverbund mit der Stadt Frankfurt gefordert. Ihre Ziele für die Zukunft der kommunalen Energiewirtschaft in Mainz und Wiesbaden hat die Regionalgruppe in einem Memorandum "Für ein Zukunftskonzept Energie" beschrieben, das im Wortlaut wiedergegeben wird.

Präventive Umweltpolitik

Von Hermann Bartmann
Universität Mainz

1 Konzepte präventiver Umweltpolitik
2 Prävention und Ökonomie
3 Risiko und Prävention in der Risikogesellschaft
4 Globale Umweltprobleme
5 Umwelthaftungsrecht und Prävention
6 Neuorientierung - Paradigmawechsel

Die Prinzipien Vorsorge und Prävention erfahren breite Anerkennung. Vorsorge und Prävention sind bisher nicht einheitlich definiert. Das erhöht die Konsensfähigkeit, sichert breite Zustimmung der Wähler und Akzeptanz der Politiker. Für die Politiker haben das Vorsorgeprinzip und die Prävention überaus angenehme Eigenschaften. Sie sind legitimationsfördernd, anpassungsfähig und verlangen keine unmittelbaren Aktivitäten. Spricht ein Politiker von Vorsorge, dämpft das Kritik an der bisherigen Politik und richtet den Blick in die Zukunft. Das Wort Vorsorge suggeriert, daß noch nichts Schlimmes geschehen ist. Die Formel "Mehr Vorsorge" ist weiterhin zugkräftig und wird inzwischen als Etikett auf nahezu alle umweltpolitischen Instrumente geklebt.

Nahezu alle umweltpolitischen Maßnahmen zielen auf die Vermeidung von zukünftigen Schäden, können insofern als Vorsorge verkauft werden (zum folgenden vgl. auch Fietkau 1988:94-97). Richtig ist aber auch, daß fast alle Maßnahmen erst als Reaktion auf bereits eingetretene Schäden ergriffen werden, insofern sind sie reaktiv. Aus traditioneller Sicht ist praktisch und theoretisch eine Trennung in reaktive und präventive Politik kaum möglich. Jede umweltpolitische Maßnahme hat Auslöser, die der Maßnahme vorgelagert sind, ist also reaktiv, hat aber auch Ziele, die in der Zukunft liegen, ist also präventiv. Bis hierher handelt es sich um einen überflüssigen Etikettenstreit, der durch die entsprechende Definition beliebig gelöst werden kann.

Angesichts der Gefahr, daß den Industriegesellschaften ihre ökologischen Probleme über den Kopf wachsen, ist es angebracht, über neue Formen der Gestaltung von Umweltpolitik nachzudenken. Wegen des inzwischen globalen Ausmaßes vieler Umweltprobleme werden übergreifende Leitbildvorstellungen erforderlich, die für Einzelmaßnahmen einen Orientierungsrahmen abgeben. Dieser Orientierungsrahmen ist nicht additiv aus Einzelmaßnahmen herleitbar, sondern ihnen systematisch vorgeordnet (Leitwissenschaft: Ökologie). So verstandene präventive Umweltpolitik akzeptiert die Begrenztheit der menschlichen Kompetenz beim Eingreifen in ökologische Systeme, sie fordert die Kreativität durch gesellschaftliche, öffentliche Reflexions- und Kommunikationsprozesse und erfordert geeignete gesellschaftliche Rahmenbedingungen (Ökologisierung der Wirtschaft, ökologische Strukturreform, Werte- und Verhaltenswandel). Prävention geht prinzipiell weiter als Vorsorge, Prävention erfordert eine ganzheitliche, integrierte Betrachtung. "Das Ganze ist mehr als die Summe seiner Teile". Etwas konkreter kann Prävention als aktiv gestaltende, längerfristig angelegte Politik verstanden werden, die sich mit der umweltverträglichen Weiterentwicklung von wirtschaftlichen, technischen und gesellschaftlichen Strukturen befaßt. Während Nachsorge in der Regel defizitär im Sinne von "teurer, zu spät, Gefahr von irreversiblen Schäden und Problemverschiebungen" bleibt, ist Prävention schwierig wegen vielfältiger Unsicherheiten im Sinne "komplexer, unbekannter Kausalitäten, Einsatz nicht getesteter Verfahren und institutioneller Regelungen". Häufig steht die fachdisziplinäre Spezialisierung von Forschung und Lehre der so verstandenen Prävention entgegen. Gefordert ist daher ein überdisziplinäres, offenes und dynamisches Paradigma ohne feste Strukturen und Fundamente (vgl. etwa auch Simonis 1988:29f.).

1 Konzepte präventiver Umweltpolitik

Neben den eindeutig nachsorgenden Strategien, nämlich Reparatur nicht verhinderter Umweltschäden, Kompensation von Schäden und Entsorgung sowie den Maßnahmen zur Gefahrenabwehr bei akuten Gefährdungen, die räumlich und zeitlich begrenzt sind, und den Maßnahmen zur Vorsorge bei regelmäßig wiederkehrenden und abschätzbaren Gefahren und Schäden können mindestens drei präventive Strategien unterschieden werden. Dabei handelt es sich um:

(1) Ökologisierung der Wirtschaft in Richtung umweltfreundliche und ressourcenschonende Produktion und Konsum. Je nach wirtschaftspolitischer Grundkonzeption werden etwa folgende Maßnahmen zur Ökologisierung vorgeschlagen:

- Förderung von freiwilligen Aktivitäten und Verhaltensänderungen durch Aufklärung, Information und einige institutionelle Änderungen.

- Forderung nach ökologischer Wirtschaftspolitik. Die Palette der geforderten Instrumente ist vielfältig und beinhaltet auch bereits praktizierte und vorgeschlagene Instrumente, wie Verschärfung von Auflagen und Grenzwerten, Öko-Steuern, Gefährdungshaftung und Staatsinterventionen.

- Umweltverträgliche Struktur- und Technologiepolitik des Staates, die sich an den Kriterien Humanisierung der Arbeit, Umweltschonung und Fehlerfreundlichkeit orientiert. Dabei wird an Interventionen insbesondere in den Bereichen Verkehr, Energie und Landwirtschaft gedacht.

(2) Ökologische Strukturreformen (Dezentralisierung, Demokratisierung, Entflechtung von Wirtschaft und Politik).

(3) Ökologischer Werte- und Verhaltenswandel durch Begründung neuer Wertmaßstäbe, die den Menschen in seiner Konsum- und Fortschrittsmentalität in Frage stellen.

2 Prävention und Ökonomie

Präventive Umweltpolitik läßt sich häufig und wirksam mit dem Kostenargument begründen. So sind in der Regel Müllvermeidungsstrategien inzwischen wirtschaftlicher als die Müllentsorgung.

Prävention wird aus traditionell ökonomischer Sicht auch dann begründbar, wenn die Internalisierung von Umweltschäden an der fehlenden Zurechenbarkeit scheitert. Wie hoch sind beispielsweise die externen Kosten der Stromerzeugung, des Individualverkehrs oder der Luftverschmutzung? Waren die Stürme Wiebke, Vivian usw. Vorboten der Klimakatastrophe oder normale Frühjahrsstürme?

Wegen unbekannter Ursache-Wirkungsketten und wegen der fehlenden Berechenbarkeit der externen Kosten kommen die Instrumente des Verursacherprinzips nur in äußerst begrenztem Umfang zur Anwendung. In solchen Fällen der Nichtberechenbarkeit hilft das Gemeinlastprinzip wegen der Finanzierungsproblematik nur vorübergehend. Das eigentlich zwingend notwendige, präventive Verhalten wird durch Vernachlässigung des Nichtberechenbaren verhindert, solange es eben geht. Diese Verdrängungsstrategie ist beim Verhalten einzelner wie auch bei politischen bzw. gesellschaftlichen Entscheidungen zu beobachten.

Präventive Umweltpolitik wird auch aus ökonomischer Sicht besonders dringlich, wenn wir es mit einer Welt zu tun haben, die mit vielfältigen Informationsmängeln behaftet ist. Unser Wissen über chemische und biologische Zusammenhänge in der Natur ist begrenzt. Die Summe des begrenzten Wissens ist zu komplex, um von den Entscheidungsträgern berücksichtigt werden zu können. Vereinfachungsstrategien und die ideologische Prüfung von Alternativen sind keine Lösungen, da bei ihnen die Gefahr von Informationsunterdrückung und -verzerrung besteht.

Die Instrumente des Verursacherprinzips sind wegen der aufgezeigten Probleme (fehlende Zurechenbarkeit, Informationsmängel) nicht in der Lage, die Umweltproblematik durchgreifend zu lösen. Große Umweltschäden zeigen sich in ihrem tatsächlichen, häufig irreversiblen Ausmaß erst stark zeitversetzt. Es gibt keine Vorhersagen oder verläßlichen Schätzungen darüber, wie belastete Öko-Systeme reagieren. Häufig ergeben sich sprunghafte Änderungen des Gesamtverhaltens aus veränderten Wechselbeziehungen zwischen einzelnen Umweltfaktoren. Bereits aus ökonomischer Sicht ist Prävention im Sinne eines ökologischen Systemwandels der Industrieländer unumgänglich, wenn sie sich nicht ihre eigenen Reproduktionsgrundlagen zerstören wollen.

Es ist inzwischen unbestritten, daß marktwirtschaftliche Instrumente die gleichen Umweltziele mit geringeren Kosten erreichen als regulative oder gar planwirtschaftliche Instrumente, das gilt theoretisch und bei vollständiger Voraussicht ebenso für zukünftige Schäden. Bei Voraussicht fallen auch langfristig ökologisches und ökonomisches Optimum zusammen.

Erkennbar ist aber inzwischen auch, daß demokratische, marktwirtschaftliche Systeme zur kurzfristigen Optimierung tendieren. Insofern besteht dann langfristig eine Tendenz zur ökologischen Lücke. Das führt nun keineswegs zur generellen Favorisierung regulativer Instrumente, da diese selbst externe Kosten verursachen, macht aber bereits aus ökonomischer Sicht Korrekturen der Marktmechanismen unter folgenden Aspekten erforderlich:

- Meritorisierung, wenn irreversible Schäden der Lebensgrundlagen zu erkennen sind.

- Aufbau langfristig wirkender Anreizmechanismen.

- Bewußte gesellschaftliche Entscheidungen zugunsten zukünftiger Generationen.

- Strukturreformen, insbesondere in den Bereichen: Verkehr, Energie, Landwirtschaft und Chemie. Konzeptionell geht es u.a. um Forderungen in Richtung: Dezentralisierung, Dekonzentration und Demokratisierung.

3 Risiko und Prävention in der Risikogesellschaft

Während vorindustrielle Gefahren Schicksalsschläge waren, sind die industriellen Risiken (Spät-)Folgen eines zunächst begrüßten technischen Fortschritts. Für die industriellen Risiken sind Menschen, Behörden, die Politik, die Betriebe verantwortlich (vgl. für diesen Abschnitt u.a. Beck 1986, 1988, 1989). Der gesellschaftliche Umgang mit diesen Risiken der industriellen Entwicklung erfolgt durch den Versicherungsgedanken. Ungewißheiten und Unzurechenbares werden durch statistische Berechnungen versicherbar gemacht. Es entstand ein (allenthalben) sichtbarer Versicherungsstaat, der offensichtlich auch gewinnträchtig ist, als Pendant zur industriellen Risikogesellschaft. Es wird Sicherheit angesichts einer ungewissen Zukunft erzeugt. Die Versicherungsidee ist das institutionelle Arrangement, mit dem die Industriegesellschaft die von ihr produzierten Unsicherheiten kompensiert.

Neue Großgefahren der Gegenwart - Chemie, Atom, Umwelt, Genetik - heben die Idee des Risikokalküls und der Versicherung auf:

- Atomare, ökologische, chemische und genetische Großgefahren sind nicht eingrenzbar, sondern global und haben meistens irreparable Schädigungen zur Folge, bei denen eine geldliche Kompensation versagt.

- Eine Nachsorge ist bei "Vernichtungsgefahren" ausgeschlossen. Versuche "vorsorgender" Folgenkontrolle wirken eher lächerlich.

- Die genannten Großgefahren sind raumzeitlich unbegrenzt, sind Ereignisse mit Anfang, aber ohne Ende. Kalkulationsgrundlagen für Gefahren werden aufgehoben. Kalkulationen dienen nur noch der Verschleierung.

- Die Folgen von Großgefahren sind nicht zurechenbar, entziehen sich grundsätzlich den Instrumenten des Verursacherprinzips.

- Die Risiken und Großgefahren passen in die ökonomische Wachstumslogik. Sie schaffen sich bei der Produktion durch die Nachsorgenotwendigkeit ihre eigene, quasi unbegrenzte Nachfrage, die vom Verhalten der Nachfrager unabhängig ist (Saysches Gesetz in Vollendung).

Die gewohnten Überlegungen zum Umgang mit Gefahren wie Grenzwerte, Zurechnung, Haftung und Versicherung versagen bereits wegen des bloßen Ausmaßes möglicher Katastrophen, aber auch wegen völlig ungeklärter und unklärbarer Kausalketten, Entscheidungs- und Verantwortungsstrukturen. Individuen, die Politik, Gesetzgebung und Gerichte ziehen sich häufig auf irgendeinen "Stand von Wissenschaft und Technik" zurück, um diese unerträgliche Unsicherheit zu überwinden, genauer zu überspielen. Die Entscheidungsverantwortung wird an "wissenschaftliche" Sachverständige abgetreten, die naiv oder interessiert einen Prozeß der Verharmlosung, der Vertuschung und/oder Gesundbeterei in Gang setzen. Das diagnostiziert BECK als das System der organisierten Unverantwortlichkeit. Das Expertenmonopol in der Gefahrendiagnose wird durch die Rationalitätskrise der Naturwissenschaften in Frage gestellt. Vom Unterschied zwischen Sicherheit und wahrscheinlicher Sicherheit hängt vielleicht das Überleben aller ab. Die Naturwissenschaften verfügen nurmehr über wahrscheinliche Sicherheiten. Sie bleiben wahr, auch wenn morgen zwei Atomkraftwerke durchgehen (vgl. Beck 1989:25).

Die Risikogesellschaft und deren Folgen sind weitgehend auf Informationsprobleme und Spezialisierungstendenzen zurückzuführen. Durch die Parzellierung der Wissenschaften lassen sich die Folgen und Nebenwirkungen von Forschung nur schwer rechtzeitig erkennen. Die führenden Schichten der Gesellschaft, die Entscheidungsträger, verstehen nicht mehr, was in Wissenschaft und Forschung vorgeht. Sie haben zwar ihre wissenschaftlichen Berater und Beiräte, aber sie selbst können nicht zugeben, wenn sie nicht begreifen, was letzlich dahinter steht.

4 Globale Umweltprobleme

Die Umweltproblematik hat neue Dimensionen angenommen, die sie in die Klasse der Großgefahren aufrücken lassen. Dies läßt sich durch folgende Merkmale kennzeichnen:

- Große und irreversible Umweltschäden zeigen sich häufig erst nach Jahren und Jahrzehnten.

- Die Umweltschäden haben globale Ausmaße erreicht (Klimakatastrophe, Bodenverseuchung, Waldsterben, Trinkwassergefährdung, Meeresverschmutzung).

- Die Umweltschäden akkumulieren, akzelerieren und zerstören zunehmend die natürliche Absorptionsfähigkeit und die ökonomischen Reproduktionsgrundlagen.

- Nichtwissen und Unsicherheit steigen trotz wissenschaftlicher Fortschritte.

- Nachsorgende Maßnahmen werden immer aufwendiger und sind z.T. bereits nicht mehr möglich.

- Sowohl in der Öffentlichkeit als auch im Kreis der Experten steigt die Unsicherheit über das Ausmaß der Schäden in der Zukunft.

- Angesichts dieser Unsicherheiten erklären die Politiker ihre Nichtzuständigkeit und überlassen die Entscheidungen den sogenannten Experten, die in der Regel direkt oder indirekt in den Diensten der Verursacher stehen. Die demokratische Kontrolle der Wirtschaft ist damit weitgehend aufgehoben. Die Wirtschaft entscheidet, während die Gesellschaft letztlich Risiko und Verantwortung übernimmt.

- Die naturzerstörerischen Folgen des ökonomischen Prinzips der Nützlichkeit und des Wachstums waren und sind begleitet von zunehmenden Ungleichheiten (national und insbesondere weltweit) und einer Tendenz zu zentralistischen Strukturen.

Angesichts dieser Dimensionen der Umweltproblematik, die (ohne Neuorientierung) zwangsläufig in die Katastrophe führt, erscheint die abwägende Diskussion der Umweltökonomen über Vor- und Nachteile von Instrumenten im Rahmen des Verursacherprinzips eher gedankenlos. Vielleicht dient sie auch zur Beruhigung und zur Absicherung der Verdrängungsstrategie.

Umweltprobleme lassen sich traditionell ökonomisch als Folgen von Markt- und/oder Politikversagen erklären. Umweltschäden sind negative externe Effekte der privaten Produktion und des privaten Konsums oder sogenannte public bads. Ökonomen sprechen von Marktversagen und waren bzw. sind der Meinung, daß durch Internalisierungsstrategien nach dem Verursacherprinzip dieser Defekt des Marktsystems behebbar ist. Bei näherem Hinsehen zeigt sich aber, daß eine Internalisierung - mit welchem Instrument auch immer - hinreichend schnell nur dann gelingt, wenn ausreichend verläßliche Informationen über Zuordnung, Ausmaß, Wechselwirkungen und Spätfolgen externer Effekte vorliegen. Dies ist bei der Mehrzahl moderner Umweltschäden nicht der Fall. Insoweit ist die ökonomische Internalisierungsdiskussion überholt. Es scheint auch aus ökonomischer Sicht effizienter, über die Alternativen im Sinne präventiver Strategien nachzudenken.

5 Umwelthaftungsrecht und Prävention

Seit etwa 1982 werden im Rahmen der umweltökonomischen Internalisierungsdiskussion verstärkt Lösungen wie Umwelthaftungsrecht und freiwillige Abkommen im Rahmen des Kooperationsprinzips diskutiert und auch propagiert. Diese Vorliebe läßt sich zum Teil durch die seit 1982 liberalere Haltung der Politik gegenüber der Wirtschaft und z.T. mit der Kritik an den bekannten Instrumenten wie Ordnungsrecht, Abgabenlösungen, Zertifikatsregelungen und auch

Kompensationslösungen erklären. Vielleicht handelte es sich aber auch um eine Art Hinhaltediskussion, die nun angesichts der Möglichkeiten, die diesbezüglich die notwendige Förderung der ehemaligen DDR-Länder liefert, überflüssig geworden ist. Im Idealfall der vollständigen Information über Gegenwart und Zukunft können Haftungsregeln das Verursacherprinzip optimal erfüllen, wenn auch die Schäden aus genehmigter Produktion erfaßt werden. Praktische Probleme wie Beweislast, Kausalitäten, Zuordnung, Zurechenbarkeit und Schadensbewertung sind im Idealfall vollständiger Kenntnisse gelöst. Verschuldenshaftung und Gefährdungshaftung führen zum gleichen (optimalen) Ergebnis. Fragen der Umwelthaftpflichtversicherungen spielen nur für den Fall des Vorliegens von Risikoaversion eine Rolle.

Für die Realität mit Informationsrestriktionen und Zukunftsunsicherheit sind obige Ergebnisse wenig hilfreich. Dort hat die Gefährdungshaftung gegenüber der Verschuldenshaftung eher Vorteile, da sie die Anreize zur Prävention in der Regel erhöht und das Ausmaß umweltschädlichen Handelns vermindert. Für den extremen Fall absoluter Risikoaversion und unbegrenzter Gefährdungshaftung besteht die Gefahr nicht optimaler Produktionseinstellung. Die Verfügbarkeit von Versicherungsschutz kann diese Problematik lösen.

Folgende Eigenschaften von Umweltschäden stehen jedoch einem wirksamen Einsatz von Haftungsregeln zur Verwirklichung des Verursacherprinzips (auch für zukünftige Schäden) entgegen:

- Umweltschäden sind in der Regel weder zeitlich noch räumlich begrenzt. Es handelt sich um globale, häufig irreversible Schäden (public bads).

- Im allgemeinen geht es um eine Vielzahl von Schädigern und eine vielfältige, komplexe Zahl von Kausalitäten und Interdependenzen. Schädliche Substanzen wechseln von einem Medium in andere, verändern sich im Zusammenwirken mit anderen Substanzen, um am Ende nach geraumer Zeit einen Schaden hervorzurufen. Bei Vorliegen von Komplexität der Ursachen versagen Verschuldens- und Gefährdungshaftung.

- Immer ist eine monetäre Bewertung von Schäden schwierig, häufig unmöglich. Wie hoch sind die "Kosten" infolge des Verlustes der Gelegenheit, in der Nordsee zu baden? Wie hoch sind die langfristigen Kosten des Aussterbens von Arten?

- Umweltschäden sind graduelle Schädigungen über Jahre und Jahrzehnte und keine Unfälle. Die vertragliche Situation ist alles andere als klar. Mögliche Eigentümerwechsel, Wechsel der Rechtsform der Unternehmen erschweren die Konstruktion von Haftungsregeln.

- Bei graduellen Schäden mit langen Laufzeiten und grenzüberschreitenden Wirkungen ist die Kausalitätsfrage auch im Fall der Gefährdungshaftung unlösbar, insbesondere wenn z.B. aufgrund neuer Analysetechniken neue Kausalitäten entdeckt werden. Muß dann rückwirkend gehaftet werden?

Bezeichnend ist, daß die Versicherungswirtschaft Deckung anbietet für unfallartige Umweltschäden, Haftungsobergrenzen fordert und keine Deckung anbietet für graduelle Schädigungen, Summationsschäden und Schäden an einem Allgemeingut (vgl. HUK-Verband, Presseinformation vom 06.08.87, zitiert nach Bongaerts u. Kraemer 1987:32f). Versicherung von Umweltrisiken ist nur unter der Voraussetzung der Kalkulierbarkeit von Schaden und Prämie, der Begrenzung der Schadenshöhe und des Nachweises des kausalen Zusammenhangs möglich.

Insgesamt kann man feststellen:

- Die Einrichtung und Konstruktion von Umwelthaftungsregeln mit Anreizwirkungen zur Durchsetzung des Verursacherprinzips wird wegen der genannten Schwierigkeiten in der Mehrzahl der Fälle nicht möglich sein.

- Dennoch ist der Übergang von Verschuldens- zur Gefährdungshaftung in den meisten Fällen wegen der umweltrelevanten Vorteile Beweislastumkehr und höheres Präventionsniveau empfehlenswert.

6 Neuorientierung - Paradigmawechsel

Das herrschende ökonomische Paradigma basiert auf zwei entscheidenden Werturteilen:

(1) Der Mensch wird psychologisch reduziert auf einen seinen Nettonutzen (Lust durch Güterkauf abzüglich Unlust durch Arbeit) maximierenden Hedonisten (homo oeconomicus). Als nutzenstiftend wird gesellschaftlich nur berücksichtigt, was monetarisierbar ist. Als Wohlstandmaß dient das Sozialprodukt.

(2) Dieser Wunsch des Einzelnen nach Nutzenmaximierung und damit der Gesellschaft nach Wachstum der Güterproduktion (Abbau von Knappheiten) kann nach herrschender Lehre nur durch Industrialisierung aller ökonomischen Aktivitäten erfüllt werden. Diese Industrialisierung ist erkennbar mit folgenden Entwicklungstendenzen verbunden: Zentralisierung, Arbeitsteilung, Spezialisierung, Massenfertigung, Routine, Konzentration, auch in Form von Verflechtung von Wirtschaft und Politik, Abnahme von Transparenz, öffentlicher Information und Kontrolle, Zunahme der Unsicherheiten und Wissenslücken trotz steigender wissenschaftlicher und technischer "Fortschritte", Anstieg von Risiken und Gefährdungen, Zunahme ökologischer Lücken.

Die Beobachtung der genannten Tendenzen macht die Forderungen nach Neuorientierung von Theorie und Politik, nach einem Paradigmawechsel verständlich (vgl. etwa Altner 1987; Strasser u. Traube 1989; Lutz 1987). Das neue Paradigma kann wissenschaftstheoretisch durch folgende, zum Teil miteinander verbundene Aspekte beschrieben werden:

- Die fachdisziplinäre Spezialisierung von Forschung und Lehre steht ökologischem Denken entgegen. Die Dynamik und Entwicklung des Ganzen kann nicht allein durch die Eigenschaften seiner Teile bestimmt werden. Das reduktionistische Denken muß durch systemtheoretische Forschung überwunden werden. Das geht aber nur überdisziplinär.

- Wenn Dynamik und Wandel der Verhaltensweisen, der Strukturen, Erwartungen und Entscheidungen die Wirklichkeit ausmachen, dann muß auch die die Realität erklärende Theorie dynamisch und offen für Veränderungen sein.

- Die neue dynamische Theorie besteht aus einem Mosaik interdependenter Modelle, Hypothesen und Theorien ohne fundamentale, feste Strukturen, die mit laufendem Fortschritt in der Formulierung der Theorie und durch ständige Anpassung an die reale Welt präziser wird. Ein unscharfes Bild des Ganzen in Bewegung ist besser als die voreilige Scharfeinstellung eines Details.

Präventive Umweltpolitik im Sinne einer umfassenden Ökologisierung beinhaltet mindestens die drei Aspekte, nämlich ökologische Wirtschafts- und Strukturpolitik, ökologische Strukturreformen sowie ökologischen Werte- und Verhaltenswandel. Dazu sollen noch einige kurze, erläuternde Anmerkungen gemacht werden.

Ökologische Wirtschafts- und Strukturpolitik umfaßt:

- Förderung freiwilliger Aktivitäten und Verhaltensänderungen durch Aufklärung, Information und einige institutionelle Änderungen,
- Ausbau und Flexibilisierung des Ordnungsrechts,
- Umwelt- und sozialorientierte Interventionen des Staates in Form von langfristig angelegten und finanzierten Strategien "Umwelt und Arbeit",
- schrittweise Einführung von Öko-Steuern und Umweltabgaben, um langfristige Anreizmechanismen zu installieren,
- Reform des Umwelthaftungsrechts in Richtung Gefährdungshaftung,
- institutionelle Vorkehrungen in Form von Umweltverträglichkeitsprüfungen und Technologiebewertungsstellungen,
- Umwelt- und ressourcenschonende Struktur- und Technologiepolitik, die sich an den Kriterien Umweltverträglichkeit, Humanisierung der Arbeit, Fehlerfreundlichkeit, Revidierbarkeit und Sozialverträglichkeit orientiert.

Weder Umwelthaftungsregeln noch Öko-Steuern sollten dabei als Wunderwaffen angesehen werden. Öko-Steuern und Umweltabgaben können ein wesentliches Instrument werden, um die soziale Marktwirtschaft in eine umweltverträgliche Richtung zu entwickeln. Dabei sollte die Einführung schrittweise und zusätzlich zu gesetzlichen Auflagen und Grenzwerten erfolgen. Die Steuern bzw. Abgaben sind zunächst auf einige wichtige Fälle zu beschränken. Zu denken ist insbesondere an eine Primärenergiesteuer von zunächst 2-3 Pf/kWh, die danach für 7-8 Jahre um 1 Pf jährlich erhöht wird und eine Erhöhung der Mineralölsteuer um zunächst 50 Pf/l, die von einem gleichzeitigen Ausbau des öffentlichen Verkehrs begleitet sein sollte. Beide Steuern können mit externen Kosten begründet werden. Bei beiden Steuern sind die gewünschten Substitutionswirkungen zu erwarten. Die Primärenergiesteuer führt zur Ausnutzung vorhandener Einsparpotentiale und macht die regenerierbaren Energieträger rentabler.

Was die sozial- und umweltverträgliche Technologiepolitik betrifft, geht es nicht um den schnellen Ausstieg aus der Industriegesellschaft, sondern vorerst um Alternativen in der Industriegesellschaft, da das "weiter wie bisher" nicht verantwortbar ist. Die technische Durchdringung der Gesellschaft und insbesondere der Anstieg von Risiken und Gefährdungen müssen überprüft und im Zweifel gebremst werden. Die reinen Rentabilitätskriterien müssen durch Sozial- und Umweltverträglichkeit sowie Fehlerfreundlichkeit und Revidierbarkeit ergänzt werden.

Instrumente zur Erreichung einer so umschriebenen Technologieentwicklung sind u.a. ökonomische Anreizsysteme (Steuern und Abgaben), rechtliche Sanktionen (Gefährdungshaftung, Beweislastumkehr), Technologiepolitik mit Technikfolgenabschätzung, Öffentlichkeit und Demokratisierung der Entscheidungsstrukturen.

Momentan scheint eine vorausschauende Analyse und Bewertung von Technik durch das Parlament nicht ausreichend gewährleistet zu sein. Das Parlament ist gegenüber Regierung, Wirtschaft, Wissenschaft und Administration ins Hintertreffen geraten. Verbesserungsvorschläge gehen in folgende Richtungen: Volksenquetes und Volksbefragungen, Verbandsklagen, Arbeitsstelle des Parlaments zur Einschätzung von Wissenschafts- und Technologiefolgen, ex ante Information der Öffentlichkeit in einer verständlichen Sprache, Schaffung von horizontalen, überdisziplinären Institutionen, in denen über den weiteren Gang der wissenschaftlichen und technischen Entwicklung nachgedacht wird.

Die kurz beschriebene ökologische Wirtschaftspolitik muß ergänzt, begleitet und abgesichert werden durch grundlegende *ökologische Strukturreformen* von Wirtschaft, Politik und Gesellschaft. Ohne diese Strukturreformen ist die ökologische Wirtschaftspolitik eventuell nur eine neue ökologisch drapierte Form von Herrschaft über Natur und Menschen.

Wenn es richtig ist, daß arbeitsteilig organisierte Industriewirtschaften starke Tendenzen in Richtung Zentralisierung und Konzentration besitzen, und wenn es richtig ist, daß hochkonzentrierte und zentralisierte Wirtschaften Tendenzen zu Wettbewerbsbeschränkungen, zur überproportionalen Steigerung negativer externer Produktionseffekte, zu wachsenden Ungleichheiten, zur Entdemokratisierung der Entscheidungsstrukturen und schließlich zur Schaffung der oben beschriebenen globalen Risiken besitzen, dann liegen die Stichworte für die zwingend notwendigen Strukturreformen auf der Hand, nämlich: Dezentralisierung, Dekonzentration, Entflechtung von Politik und Wirtschaft, Demokratisierung durch Mitbestimmung, Mitbeteiligung und öffentliche Kontrolle.

Die eigentlichen Antriebskräfte hinter vielen wirtschaftlichen und technischen Entwicklungen entspringen häufig nicht mehr dem Wunsch, die Lebenschancen der Menschen zu verbessern, sondern sind von der "Sucht" weniger geleitet, ihre Macht über die vielen auszudehnen. Diese Sucht kann bei fehlendem Wettbewerb, fehlender gesellschaftlicher Kontrolle und bei Vorliegen zentralistischer, unüberschaubarer Strukturen nicht in Schach gehalten werden. Die verhängnisvolle Eigendynamik der Weltwirtschaft muß durch die genannten Strukturreformen unterbrochen werden. Erkennbar dringlich sind Strukturreformen in den Bereichen Energieversorgung, Verkehr, Landwirtschaft und Chemieindustrie.

Die hochkonzentrierte, zentralistische Energieversorgung in Deutschland ist ohne nennenswerten Wettbewerb und wegen der Verflechtung von Wirtschaft und Politik ohne funktionierende Kontrolle. Die am Ziel der kurzfristigen Gewinnmaximierung orientierte Geschäftspolitik verhindert Energiesparmaßnahmen, rationelle Energienutzung sowie gesamtwirtschaftliche, effiziente Energieproduktion und erhöht dadurch die Umweltprobleme und globalen Risiken.

Im Bereich der Energieversorgung sind die Vorteile einer Dezentralisierung (Kommunalisierung) selbst unter rein wirtschaftlichen Aspekten erwiesen. Dabei sind die Milliardenbeträge für die Kernenergieförderung (bisher 100 Mrd. DM im westlichen Europa) noch nicht eingerechnet.

Die Zeit für eine durchgreifende weltweite Energiewende wäre prinzipiell günstig, da Investitionsmittel und Forscherkapazitäten aus der Rüstungsproduktion frei werden. Mit Kosten von fast 100 Mrd. DM wird heute schon das europäische Jagdflugzeug in britisch-deutsch-italienisch-spanischer Gemeinschaftsproduktion beziffert.

Ökologische Wirtschaftspolitik und Strukturreformen werden sich dann realisieren lassen, werden nur dann auf allgemeine oder mehrheitsfähige Akzeptanz stoßen, wenn sie von einem *Werte- und Verhaltenswandel* einzelner Konsumenten und Produzenten, gesellschaftlicher Gruppen und Organisationen, der Politiker und der Wissenschaft begleitet sind.

Dabei kommt der Wissenschaft die Aufgabe zu, die Legitimationsprobleme von Wirtschaft und Technik zu erkennen und zu vermitteln. Wirtschaft und Technik können nicht mehr mit dem Verweis auf ihren Beitrag zum Wachstum begründet werden. Das seit nunmehr zwei Jahrhunderten von der Ökonomie benutzte Rechtfertigungsschema, daß Wirtschaftswachstum moralisch gut sei, muß zunehmend bezweifelt werden. Dies wird von einer wachsenden Minderheit artikuliert, die sich durch empirische Befunde (Ozonloch, Tschernobyl, Waldsterben etc.) bestätigt findet. Der Rückzug der Wissenschaft auf das Wertfreiheitspostulat - Anwendung der Ergebnisse ist nicht Sache der Wissenschaft - wird nicht akzeptiert (vgl. zu den folgenden Überlegungen auch Zinn 1990:73ff). Dadurch wird die Ethikdiskussion in den technischen und ökonomischen Wissenschaften erzwungen. Wissenschaft muß selbst verantworten, was sie ermöglicht. Die Ethikdiskussion darf nicht zur reinen Rechtfertigung des status-quo verkommen, sondern muß in Form eines offenen, öffentlichen, toleranten und konsensbereiten Diskurses erfolgen. Ansätze für eine Lösung der Informationsprobleme von Risikogesellschaften werden u.a. in folgenden Punkten gesehen (Jungk 1989:257-268):

- Schaffung von horizontalen, interdisziplinären Institutionen, in denen antizipatorisch über den weiteren Gang der wissenschaftlichen und technischen Entwicklung nachgedacht wird.

- Ex-ante Information der Öffentlichkeit in einer verständlichen Sprache.

- Erarbeitung einer neueren Gesellschaftsform, in der man ohne die ständige Angst vor Katastrophen leben kann.

Dadurch kann der teilweise bereits erkennbare Bewußtseins- und Verhaltenswandel im Hinblick auf die Bewertung von Wachstum, Umwelt und Risiken beschleunigt werden. Wirtschaft und mit zeitlicher Verzögerung die Politik werden dann folgen. Dieser Wandel erfordert Zeit, auch wenn erste zaghafte Anzeichen bereits erkennbar sind. Ich hoffe, die Natur und die Umwelt lassen uns die erforderliche Zeit zur Reproduktion unseres Bewußtseins.

Literatur

Altner, G. (1987) Die Überlebenskrise in der Gegenwart, Darmstadt

Bongaerts, J.C., Kraemer, R.A. (1987) Haftung und Versicherung von Umweltschäden, Schriftenreihe des IÖW 8/87, Berlin

Beck, U. (1986) Risikogesellschaft - Auf dem Weg in eine andere Moderne, Frankfurt/M.

Beck, U. (1988) Gegengifte - Die organisierte Unverantwortlichkeit, Frankfurt/M.

Beck, U. (1989) Risikogesellschaft - Die neue Qualität technischer Risiken und der soziologische Beitrag zur Risikodiskussion, in: Schmidt (1989) S. 13-31

Fietkau, H.J. (1988) Institutionelle und individuelle Bedingungen präventiver Umweltpolitik, in: Simonis, U.E. (Hrsg.) Präventive Umweltpolitik, Schriften des Wissenschaftszentrums für Sozialforschung Berlin, Frankfurt - New York, S. 93-103

Jaenicke, M. (1986) Staatsversagen. Die Ohmacht der Politik in der Industriegesellschaft, München - Zürich

Jungk, R. (1989) Das Risiko als gesellschaftliche Herausforderung, in: Schmidt, M. (Hrsg.) Leben in der Risikogesellschaft, Karlsruhe, S. 257-268

Lutz, R. (1987) Die sanfte Wende, Frankfurt/Berlin

Simonis, U.E. (1988) Ökologische Orientierungen, Vorträge zur Strukturanpassung von Wirtschaft, Technik und Wissenschaft, WZB, Berlin

Strasser, J., Traube, K. (1989) Die Zukunft des Fortschritts, Berlin - Bonn

Zinn, K.G. (1990) Ethischer Diskurs und wirtschaftlich-technische Problemkonstellation, in: Gatzemeier, M. (Hrsg.) Verantwortung in Wissenschaft und Technik, Mannheim, Wien, Zürich, S. 72-85

Zur Anwendbarkeit ökonomischer Instrumente in der Umweltpolitik

Von Hans G. Nutzinger
Gesamthochschule Kassel

1 Bedenkenswerte und irreführende Argumente gegen ökonomische Instrumente der Umweltpolitik
2 Die wichtigsten ökonomischen Instrumente
3 Grenzen der ökonomischen Instrumente
4 Die positive Bedeutung administrativer Regelungen
5 Ergänzende Maßnahmen der Technologie- und Sozialpolitik
6 Die Notwendigkeit des Energiesparens
7 Grundzüge eines neuen Wirtschaftsstils

Der vorliegende Beitrag basiert wesentlich auf Überlegungen, die ich unter dem Titel "Grenzen einer marktorientierten Umweltpolitik" (1988) entwickelt habe. Für hilfreiche Diskussionen bin ich vor allem Frau Dr. Angelika Zahrnt (Bund für Umwelt und Naturschutz Deutschland e.V.) zu Dank verpflichtet.

1 Bedenkenswerte und irreführende Argumente gegen ökonomische Instrumente der Umweltpolitik

Der gesunde Menschenverstand ist nicht immer ganz gesund. Er formuliert häufig einen recht naheliegenden, aber letztlich irreführenden Einwand gegen ökonomische Instrumente der Umweltpolitik, der gerade an deren zentralem Wirkungsmechanismus ansetzt: Sie laufen praktisch in all ihren Varianten im Grunde darauf hinaus, die Kosten des Umweltverbrauchs im weitesten Sinne in Geldgrößen zu bewerten und dem Verursacher anzulasten.[1] Diese generelle Charakterisierung gilt unabhängig davon, welche einzelnen Instrumente oder welchen Instrumentmix man wählt und auch unabhängig davon, ob man Umweltpolitik als Produktion eines Gutes "Umweltqualität" betrachtet (Frey 1972) oder ob man sich direkt auf den Verbrauch natürlicher Ressourcen (einschließlich der assimilativen Kapazitäten der Umwelt) bei der Produktion von Gütern und Dienstleistungen konzentriert. Da der Verursacher im technischen Sinne meist der Produzent ist, liegt der häufig geäußerte Einwand nahe, eine ökonomische Umweltpolitik scheitere schon daran (oder werde zumindest in ihrer Wirksamkeit dadurch eingeschränkt), daß die Produzenten in einer Marktwirtschaft die ihnen nach dem Verursacherprinzip angelasteten Kosten des Umweltverbrauchs im Preis an die Konsumenten weitergeben.

So einleuchtend eine derartige Kritik des "gesunden Menschenverstandes" erscheinen mag, sie verkennt die Wirkungsweise einer Marktwirtschaft in einem zentralen Punkt, denn gerade die Überwälzung gestiegener Umweltkosten an die Nachfrager erreicht zumindest ansatzweise das umweltpolitisch Richtige: Die Preise der Güter und Dienstleistungen, deren Erstellung mit hohem Umweltverbrauch einhergeht, steigen eben durch die Überwälzung im Vergleich zu den Preisen anderer Waren, deren Produktion die Umwelt weniger beansprucht. Gestiegene Preise gehen in aller Regel mit einem Absatzrückgang bei umweltbelastenden Produkten einher, und damit schrumpfen über kurz oder lang diese ökologisch unerwünschten Fertigungszweige. Gerade das, was eine wohlmeinende Öffentlichkeit gegen den Umweltschutz aufzubringen vermag, nämlich steigende Absatzpreise und sinkende Beschäftigungsmöglichkeiten bei umweltbelastenden Gütern, ist ordnungspolitisch erwünscht, denn so kommt es zu einer sinnvollen Umstrukturierung der Wirtschaft in Richtung auf geringeren Umweltverbrauch.

Die gut gemeinte sozialpolitische Forderung, die Produzenten umweltbelastender Güter als die eigentlichen Verursacher sollten die Kosten des Umweltverbrauchs gefälligst selbst aus ihren Gewinnen bezahlen und nicht etwa an die Abnehmer weitergeben und diese über höhere Preise zur Kasse bitten, verfehlt das umwelt-

---

[1]Diese Charakterisierung macht schon deutlich, daß das am häufigsten angewandte, angeblich "marktwirtschaftliche" Instrument des Umweltschutzes, nämlich die öffentlichen Subventionen, trotz ihrer generellen Beliebtheit im allgemeinen gerade nicht dem ökonomischen Instrumentarium zuzurechnen sind; auf die wenigen wirtschaftstheoretisch begründbaren Ausnahmen wird im folgenden Abschnitt noch gesondert eingegangen.

politische Ziel in doppelter Hinsicht: Kommt es nämlich nicht zu einer Anlastung der Kosten des Umweltverbrauchs im Preis der entsprechenden Produkte, so fehlt ein wesentlicher Anreiz für nachgelagerte Produktionsstufen und damit auch für die Konsumenten, ihre Nachfrage nach umweltbelastenden Produkten einzuschränken; damit entfällt aber auch ein wichtiges Signal für die Produzenten, daß sie ihre Kapazitäten in diesem Bereich verringern sollten. Gewiß, auch die Schrumpfung der Gewinne infolge steigender - und nicht überwälzter - Umweltkosten wird langfristig zu einem Abbau von Kapazitäten in umweltschädlichen Bereichen führen; aber diese Anpassung wird länger dauern und unvollkommener sein als im ersten Fall, in dem der Absatzrückgang auf den Zwischen- und Endproduktmärkten zusätzliche und unüberhörbare Signale für eine Kapazitätsverringerung gibt. Zum anderen ist aber auch die Frage der technischen Verursachung aus wirtschaftswissenschaftlicher Sicht von nachrangiger Bedeutung: In einem wechselseitig zusammenhängenden, "interdependenten" System von Angebot und Nachfrage auf vielen Märkten ist ein einzelner Verursacher von Umweltbelastung meist nicht sicher festzustellen. Die Nachfrager nach umweltbelastenden Produkten tragen ebenso ihren Teil der wirtschaftlichen Verantwortung wie die Hersteller solcher Güter, die ja in gewisser Weise mit ihrer Produktion auf diese Nachfragemöglichkeiten "reagieren". Der Witz des ökonomischen Verursacherprinzips besteht also nicht in der "Bestrafung" tatsächlich oder vermeintlich Schuldiger, sondern darin, daß - über den Einsatz ökonomischer Instrumente - die Marktpreise so beeinflußt werden, daß sie tatsächlich auch den Umweltverbrauch bei der Produktion solcher Güter widerspiegeln.

Genau diesen Mechanismus hat der Ökonom vor Augen, wenn er von der "Internalisierung" zuvor "externer" Kosten beim Verursacher spricht. Im Prinzip haben alle ökonomischen Instrumente der Umweltpolitik diese Zielsetzung einer ökologisch orientierten Korrektur der Preise: Durch korrekte Kostenanlastung sollen betriebs- und volkswirtschaftliche Rentabilität zusammengeführt werden, und durch diese Korrektur soll es dann über den Preismechanismus zu einer Schrumpfung umweltbelastender (und zu einer Ausdehnung umweltschonender) Produktionszweige kommen. Etwas überspitzt gesagt: Der zuvor bedenken- und nahezu schrankenlose Verbrauch von natürlicher Umwelt zu "Billigpreisen", wenn nicht gar zum "Nulltarif", soll endlich eingeschränkt werden, und zwar weniger über das ökologische Bewußtsein der Beteiligten als über den Geldbeutel von Anbietern und Nachfragern.

2 Die wichtigsten ökonomischen Instrumente

Von administrativen Verfahren und Mitteln der Umweltpolitik spricht man dann, wenn durch staatliche Normsetzung (Ge- und Verbote, Standards und technische Normen, Verfahrensvorschriften usw.) mehr oder weniger direkt das Verhalten der ökonomischen Akteure gesteuert, im Extremfall sogar eindeutig vorgeschrieben wird. Demgegenüber bezwecken ökonomische Instrumente der Umweltpolitik eine indirekte Verhaltenslenkung der am Wirtschaftsleben Beteiligten durch finanzielle Anreize oder Sanktionen. In diesem Sinne sind insbesondere *ökologisch orientierte Steuern und Abgaben* (z.B. Schadstoff- und Energieabgaben), *Umweltnutzungsrechte* (Umweltlizenzen) und *flexible Kompensationslösungen, haftungs-* und *versicherungsrechtliche Regelungen* sowie *Subventionszahlungen* an die technischen Verursacher von Umweltschäden zur Belastungsminderung zu nennen. Soweit diese Subventionszahlungen seitens der öffentlichen Hand erfolgen, stellen sie eine Verletzung des eingangs erwähnten *Verursacherprinzips* dar und sind nur hilfsweise zur Verwirklichung des subsidiären *Gemeinlastprinzips* in den Fällen akzeptabel, in denen ein Verursacher für in der Vergangenheit akkumulierte "Altlasten" nicht mehr festzustellen ist oder aber aus finanziellen Gründen (z.B. nach einem Konkurs) nicht mehr zur monetären Kompensation der angerichteten Schäden herangezogen werden kann.[2] Wenn wir also im folgenden Subventionen der öffentlichen Hand wegen der damit einhergehenden Verletzung des Verursacherprinzips aus dem Kreis der marktwirtschaftlichen Instrumente ausschließen, so verbleiben im wesentlichen noch die drei genannten Instrumente Steuern und Abgaben, Umweltnutzungsrechte sowie Haftungs- und Versicherungsrecht.

Diese Instrumente wirken im Prinzip alle sehr ähnlich: Bei ökologisch orientierten Steuern (vgl. Nutzinger 1991), etwa bei Schadstoff- und Energieabgaben, erfolgt die Kostenanlastung für den Natur- und Ressourcenverbrauch durch steuerliche Zuschläge auf den Produktpreis, verbunden mit dem Anreiz für alle Beteiligten, diese Belastung durch eigene Maßnahmen der Umweltschonung zu verringern oder abzuwenden. Dies geschieht im Hinblick auf die ansonsten fällige Steuerzahlung dann gerade dort, wo dies besonders einfach und kostengünstig erreicht werden kann. Damit besteht sowohl einzel- als auch gesamtwirtschaftlich ein Anreiz dazu, die Minderung der Umweltbelastung gerade an der Stelle vorzunehmen, wo dies mit besonders geringem Kostenaufwand möglich ist.

Ganz ähnlich wirken im Prinzip Umweltnutzungsrechte und flexible Kompensationslösungen in zuvor räumlich bestimmten und auch hinsichtlich der Schadstoffgehalte spezifizierten Belastungsgebieten: Produzenten, denen eine Bela-

---

[2] Wie oben (Fußnote 1) erwähnt, sind deshalb Subventionen im allgemeinen nicht als marktwirtschaftliche Instrumente des Umweltschutzes zu betrachten, da sie eben in aller Regel dem zugrundeliegenden Verursacherprinzip geradezu zuwiderlaufen. Inwieweit Subventionen Geschädigter an technische Verursacher im Sinne eines "Nutznießungsprinzips" auch als indirekte Verwirklichung des Verursacherprinzips betrachtet werden können, ist in der Literatur umstritten: Zwar legt die Nutzungskonkurrenz zwischen Konsumenten und Schädigern von (Umwelt-)Gütern es aus ökonomischer Sicht nahe, beide Parteien (Schädiger und Geschädigte) als Verursacher im wirtschaftlichen Sinne zu betrachten; eine Vielzahl von praktischen Gründen - wie etwa die häufig ungleiche Markt- und Machtstellung der beteiligten Parteien oder auch mögliche Anreize zur absichtlichen Vergrößerung des (angedrohten) Schadensumfangs - spricht aber dafür, dieses "Nutznießungsprinzip" im wesentlichen auf Vereinbarungen zwischen souveränen Staaten zu beschränken, die gemeinsam eine Umweltressource (z.B. internationale Flußläufe) nutzen, weil in diesen Fällen oftmals keine einheitliche Rechtssetzung und Rechtsdurchsetzung möglich ist. Der baden-württembergische "Wasserpfennig", der den Wasserverbrauchern angelastet wird und aus dessen Ertrag die Landwirte in Wasserschutzgebieten für Ertragseinbußen infolge verringerter Gülledüngung kompensiert werden, ist eines der wenigen (und eben auch sehr kontroversen) Beispiele für die Anwendung des "Nutznießungsprinzips" innerhalb eines Nationalstaates. Vgl. dazu auch Meissner (1987).

stungsminderung mit geringem Aufwand möglich ist, haben einen Anreiz, durch entsprechende Maßnahmen freie Reserven zu schaffen, die sie dann ihrerseits an andere Betreiber übertragen und veräußern können, denen entsprechende Maßnahmen entweder gar nicht oder nur mit unverhältnismäßig höherem Aufwand möglich wären. Damit entsteht ein analoger Anreiz, die Umweltbelastung vorrangig dort einzuschränken, wo dies mit den geringsten Kosten möglich ist.

Die vorherrschenden administrativen Regelungen (Auflagen) nehmen dagegen auf die jeweiligen Vermeidungskosten keine Rücksicht, und sie sind daher unter sonst gleichen Umständen einzel- und gesamtwirtschaftlich wesentlich teurer. Beide Instrumente - Steuern/Abgaben und Umweltnutzungsrechte - eröffnen also die Chance, die Umweltschonung *ohne zusätzliche einzel- und gesamtwirtschaftliche Kosten* weit über das Niveau hinauszutreiben, das mit einer aufwendigen administrativen Auflage für jeden einzelnen Produzenten erreichbar ist.[3] Ähnliche Kostensenkungseffekte sind auch bei einer versicherungsrechtlichen Lösung nach japanischem Vorbild (Weidner 1985) zu erwarten: Bei einer Gefährdungshaftung führen hohe Umweltrisiken zu entsprechend hohen Versicherungsprämien, die nach Risikoklassen gestaffelt sein können, und damit werden ökonomische Anreize zur Senkung der Umweltbelastung bei den Versicherungsnehmern geschaffen. Welches Instrument oder welche Mischung von Instrumenten nun konkret, etwa in der Bundesrepublik anzuwenden ist, hängt von den besonderen Bedingungen des Einzelfalles ab; der grundlegende ökonomische Wirkungsmechanismus ist dabei in jedem Fall prinzipiell derselbe. Deswegen erscheinen auch die gegenwärtigen umweltpolitischen Diskussionen in der Bundesrepublik über "das" optimale umweltökonomische Instrument nachrangig, wenn nicht gar als ein Ablenkungsmanöver, um wirklich einschneidende Maßnahmen zu verhindern. Daß große Teile der Industrie am "bewährten Ordnungsrecht" festhalten wollen, obwohl dies ceteris paribus mit Kostennachteilen verbunden ist, deutet darauf hin, daß die Befürworter des bisherigen Ansatzes offenbar erwarten, bei dem undurchsichtigen administrativen Verfahren mit *niedrigeren* Umweltstandards davonzukommen.

Von den Befürwortern ökonomischer Instrumente der Umweltpolitik wird noch ein weiteres zutreffendes Argument ins Feld geführt: Steuern und Abgaben wie auch Umweltnutzungsrechte oder versicherungsrechtliche Lösungen schaffen dynamische Anreize zur Entwicklung neuer umwelt- und ressourcenschonender Verfahren und Produkte, eben deswegen, weil sich technische Innovationen auf

---

[3] Man kann zeigen, daß im *theoretischen Idealfall* die Abgabenlösung zu demselben Ergebnis führt wie die Einführung von Umweltnutzungsrechten (vgl. Endres 1985). Diese theoretische Übereinstimmung beruht darauf, daß die Abgabenlösung einen Preis für die Umweltnutzung fixiert, aus dem sich bestimmte Mengenreaktionen ergeben. Dieses Verfahren läßt sich im Sinne der Optimierungstheorie als "Dualproblem" zum Einsatz der Umweltnutzungsrechte betrachten, bei denen die Belastungsgrenzen mengenmäßig festgelegt werden, und daraus ergeben sich dann ihrerseits Preise für die Umweltnutzung durch Verhandlungen und Übertragungen dieser Rechte. Für das zweite Verfahren wird oftmals geltend gemacht, aufgrund der direkt vorgegebenen physischen Schadstoffgrenzen sei eine höhere "ökologische Treffsicherheit" zu verzeichnen; in den hochverdichteten, sich wechselseitig überlappenden industriellen Ballungszonen Mitteleuropas dürfte jedoch dieser Vorteil in der Praxis kaum gegeben sein.

diesem Gebiet in Kostenvorteilen (über verringerte Steuerzahlungen) oder Gewinnerhöhungen (über transferierbare Belastungsreserven) niederschlagen. Demgegenüber werden Auflagen für die einzelne umweltverschmutzende Anlage zu einem "Besitzstand", den man nicht durch Entwicklung umweltfreundlicherer Produktionsprozesse gefährden will. Der "Stand der Technik" wird also nicht weiterentwickelt, sondern geradezu festgeschrieben.[4]

3 Grenzen der ökonomischen Instrumente

Die knappe Diskussion der ökonomischen Instrumente hat deutlich gemacht, daß der Ansatz einer marktorientierten Umweltpolitik durchaus sinnvoll und in vielen Fällen dem traditionellen ordnungsrechtlichen Instrumentarium überlegen ist. Problematisch wird er vor allem dadurch, daß seine Befürworter in Theorie und Praxis oftmals dazu neigen, in verengter ökonomischer Perspektive die *gesamte* Umweltproblematik auf den korrekten Einsatz marktwirtschaftlicher Instrumente zu reduzieren. In dieser Einseitigkeit wird dann marktorientierte Umweltpolitik irreführend. Dabei sind zwei Gruppen von Fehlern zu unterscheiden: Zum einen handelt es sich mehr um pragmatische Fehler theoretischer Umweltökonomen, die oftmals übersehen, daß die ökonomischen Hebel der Umweltpolitik der Ergänzung durch administrative, technologiepolitische und sozialpolitische Maßnahmen bedürfen. In diese Fehlergruppe gehört auch der unkritische Gebrauch ökonomischer Kosten-Nutzen-Analysen, wenn etwa vergessen oder unterschlagen wird, daß die Bewertung der Kosten wie auch der Erträge umweltpolitischer Maßnahmen mit erheblichen Unsicherheiten behaftet ist; dies gilt insbesondere im Hinblick darauf, daß die Ergebnisse oftmals ganz entscheidend von dem jeweils zugrundegelegten zeitlichen Diskontierungsfaktor (Zinssatz) abhängen, für dessen Höhe es kaum allgemeinverbindliche Kriterien gibt.

Schwerwiegender, wenn auch zahlenmäßig kleiner ist die Gruppe derjenigen Fehler, die sich aus einer "Überdehnung" des ökonomischen Ansatzes ergeben. Häufig geschieht dies dadurch, daß eine an sich richtige ökonomische Überlegung oder Bewertung verabsolutiert wird, und zwar dadurch, daß andere, dem wirtschaftlichen Kalkül nicht zugängliche Aspekte, wie etwa ästhetische oder kulturelle Gesichtspunkte, außer acht gelassen werden. Eine noch extremere Überdehnung des ökonomischen Ansatzes liegt schließlich dann vor, wenn wirtschaftliche Abwägungen auf Sachverhalte angewandt werden, die einer solchen Abwägung nicht zugänglich sind oder - aus übergeordneten Gesichtspunkten - nicht zugänglich sein sollen. Dies gilt etwa im Hinblick auf die nicht nur ökonomisch zu beurteilende Frage, wie hoch denn der Wert von Tier- und Pflanzenarten eingeschätzt werden soll, deren Fortbestand durch anthropogene Umweltbelastung gefährdet ist.

---

[4] Für die damit bewirkte Tendenz zur Blockierung technischen Wissens (statt der wünschenswerten Stimulierung) hat sich in der bundesdeutschen Diskussion das anschauliche Bild vom "Schweigekartell der Oberingenieure" eingebürgert.

Bedenkenswerte Argumente gegen eine marktorientierte Umweltpolitik und den Einsatz ökonomischer Instrumente sollten sich also nicht gegen die Wirkungsweise einer "ökologisch-sozialen Marktwirtschaft" wenden, denn diese will im Grunde ja etwas auch ökologisch ganz Vernünftiges; Kritik muß sich dagegen erheben, wenn die ganze Umweltproblematik verkürzt wird auf die Frage der monetären Bewertung und Anlastung des Umweltverbrauchs in ihren verschiedenen Formen, wie Verbrauch erschöpflicher Ressourcen, Belastung der Umweltmedien Boden, Luft und Wasser und schließlich der zunehmende Landschaftsverbrauch durch Zersiedelung, Verkehr, Abfall und vieles andere mehr.

Will man die Grenzen eines ökonomischen Ansatzes in der Umweltpolitik näher bestimmen, so ist es sinnvoll, von der Frage auszugehen, wie es denn überhaupt zu jenem beklagenswerten Zustand der Umwelt kommen konnte, den wir heute als *Widerspruch zwischen Ökologie*, der Lehre von den natürlichen Lebensbedingungen, und *Ökonomie*, der Wissenschaft und Praxis der wirtschaftlichen Nutzung knapper Mittel zur Befriedigung menschlicher Bedürfnisse, zu bezeichnen pflegen. Der ökonomische Grundsatz des sparsamen, haushälterischen Umgangs mit den begrenzten natürlichen Ressourcen - darauf weisen ja heute auch traditionelle Ökonomen fast triumphierend hin - ist ja im Grunde gar nichts anderes als die Verwirklichung des ureigensten ökonomischen Prinzips. Tatsächlich gehen *letztlich* das ökonomische und das ökologische Prinzip in eins, denn eine Wirtschaft kann zweifellos auf Dauer nicht dadurch reicher werden, daß sie sich durch die Art und Weise, wie produziert und konsumiert wird, langfristig ihre eigenen natürlichen Lebensgrundlagen untergräbt. Was in den real existierenden Markt- und Planwirtschaften tatsächlich stattfindet, hat allerdings offenkundig viel gemein mit einem kurzfristigen Raubbau an den langfristigen Lebensgrundlagen zu Lasten künftiger Generationen und künftiger Nutzungsmöglichkeiten.

Sicherlich, dieser kurzfristige Raubbau hat auch zu tun mit einer Nutzung unserer Umwelt zum Billig- oder gar Nulltarif. Dies reicht aber nicht aus zur Erklärung jener verhängnisvollen Dominanz kurzfristiger Interessen, die verhindern, daß Wirtschaft als Langzeitökonomie und damit tatsächlich auch als Ökologie betrieben wird. Eine entscheidende Ursache dafür sehe ich in der fehlerhaften *Grundorientierung* im Denken und Handeln der wirtschaftenden Menschen. Die Tradition des abendländischen Denkens ist durch die Idee der *Naturbeherrschung* gekennzeichnet. Schon der biblische Schöpfungsauftrag "machet euch die Erde untertan" (1. Mose 1, 28) ist seit Jahrtausenden immer wieder als Freibrief zur rücksichtslosen Ausbeutung der natürlichen Umwelt des Menschen durch den Menschen aufgefaßt worden.[5]

---

[5]Es ist in diesem Zusammenhang unerheblich, ob dieses vorherrschende Verständnis des Schöpfungsauftrags biblisch begründet ist oder nicht; wichtig ist, daß es in den letzten Jahrhunderten eindeutig dominiert hat gegenüber den bewahrenden Aspekten des Schöpfungsglaubens, wie er etwa in 1. Mose 2, 15 ("Und Gott der Herr nahm den Menschen und setzte ihn in den Garten Eden, daß er ihn bebaute und bewahrte") zum Ausdruck kommt. Hinter dieser Auffassung steckt letztlich ein fehlerhaftes Bewußtsein des Menschen von sich selbst: Obwohl er selber Teil der Natur ist, erhebt er sich zunächst in seinem Denken und sodann in seinem Handeln über die Natur. Der Mensch erlebt sich nicht mehr als Teil der Natur, sondern als etwas von ihr Getrenntes, etwas Besonderes; er sieht

Besonders deutlich wird diese fehlerhafte, herrschaftsbestimmte Grundeinstellung in den Wirtschaftswissenschaften selbst. So sehr sich die verschiedenen Richtungen ökonomischen Denkens - Neoklassik, Keynesianismus, Marxismus - in zentralen Fragen, besonders bei der Steuerung einzel- und gesamtwirtschaftlicher Prozesse, unterscheiden, so sind sie sich doch sehr ähnlich, wenn es um die Betrachtung der natürlichen Lebensgrundlagen geht: Diese werden zwar von den Vertretern aller Richtungen gelegentlich erwähnt, aber niemals systematisch einbezogen. Die Hauptrichtungen ökonomischen Denkens teilen dieselbe Grundvorstellung von der Umwelt als einer Art unerschöpflicher "Schatzkiste". Die Erde erscheint, grob vereinfacht, als Lieferantin ständig erneuerbarer Ressourcen, insbesondere für die Energiegewinnung, als stoffliche Trägerin der Umweltmedien Boden, Luft und Wasser und schließlich auch als Lagerstätte für die Abfälle aus Produktion und Konsum - und in all diesen Funktionen wird sie als im Grunde beliebig ausbeutbar betrachtet.

Der konkrete Problemdruck hat nun zwar diese Sichtweise diskreditiert, so daß heute Grenzen der Belastbarkeit in den Wirtschaftswissenschaften thematisiert werden. Aber man versucht noch immer, diese Probleme *allein* mit Hilfe traditioneller ökonomischer Zuteilungsverfahren, insbesondere über Preise für die Umweltnutzung und für die nachträgliche Reparatur bereits eingetretener Umweltschäden "in den Griff zu bekommen". So wichtig solche Allokationsverfahren sind, so erfassen sie doch noch nicht einen systematischen Gesichtspunkt, nämlich den, daß die Erzeugung von Reichtum durch Produktion von Gütern und Dienstleistungen immer zugleich auch einen elementaren Reichtumsverlust durch Entwertung von Energie und Materie bedeutet. Erzeugt man Güter zur Bedürfnisbefriedigung heute lebender Menschen, so beansprucht man Boden, Luft und Wasser. Häufig werden auch direkt oder indirekt erschöpfliche Ressourcen im Produktionsprozeß verbraucht, die künftigen Generationen dann nicht mehr zur Verfügung stehen. Und letztlich landen diese Güter irgendwo als Abfall auf der begrenzten Oberfläche unserer Erde.

Das Umweltproblem ist also keine bloße Zuteilungsfrage und schon gar keine, bei der nur die Interessen der heute lebenden Menschen zu berücksichtigen wären. Vielmehr muß im Denken und Handeln der Menschen das ökonomische Prinzip, der sparsame Umgang mit knappen Mitteln, systematisch und nicht nur punktuell auf die Umwelt übertragen werden. Auch hierbei haben Preise für die Nutzung von Umweltressourcen eine durchaus positive Funktion, denn über eine reine Kostenanlastung hinaus erinnern sie uns auch daran, daß diese Leistungen knapp und damit auch in den Kategorien unseres monetarisierten Bewußtseins "wertvoll" sind. Tatsächlich geht es aber um mehr: Indem wir uns selbst als Teil dieser Umwelt erkennen und sie nicht nur als äußeres Objekt unserer Ausbeutung betrachten, hört sie auf, ein von uns abgetrenntes Äußeres zu sein; sie wird, in den Worten des Naturphilosophen Meyer-Abich (1984, 1986), von der Umwelt zur Mitwelt. Diese "naturethische" Position, die den Übergang von dem traditionellen, auf den Menschen bezogenen "anthropozentrischen" Weltbild zu einem

---

sich nur noch als Subjekt, das die Natur zum Objekt seiner Ausbeutung macht.

an der Natur orientierten "physiozentrischen" Weltbild fordert, wirft allerdings angesichts der Begrenztheit menschlichen Denkens einige methodologische Probleme auf: Die sympathische Forderung etwa, der Mensch müsse den "Eigenwert" von Tier oder Pflanze jenseits ökonomischer Bewertungen anerkennen, kann natürlich nur wieder vom Menschen selbst erhoben werden und bleibt insofern immer notwendig "anthropozentrisch". Diese grundlegende - und wohl unlösbare - Problematik mindert jedoch noch nicht die praktische Bedeutung einer derartigen Umweltethik, die zu Recht darauf besteht, daß die Lösung der Umweltprobleme nicht nur in administrativem Handeln und ökonomischen Anreizen bestehen könne, sondern letztlich eine neue Grundorientierung erfordert, in der sich der Mensch als Bestandteil der Natur versteht. Insofern ist diese "physiozentrische" Position zwar keine Lösung des Problems, aber eine wertvolle Problemanzeige.

Eine derartig neue Grundorientierung bleibt keineswegs abstrakt philosophisch, sondern sie hat praktische Folgen für die Umweltpolitik: Die Grenzen einer engen ökonomischen Betrachtungsweise - und insbesondere von ökonomischen Bewertungen - werden jetzt sichtbarer. Letztlich beruhen ökonomische Bewertungen auf einer anthropozentrisch-utilitaristischen Sichtweise, die Natur primär unter dem Gesichtspunkt ihrer Nützlichkeit für den Menschen betrachtet. Hier hilft eine "naturethische" Position, die Grenzen dieser Perspektive zu erkennen: Wie Hampicke (1985) am Beispiel des Artenschutzes überzeugend dargelegt hat, reichen anthropozentrische Begründungen für den praktischen Umweltschutz aus. Wichtig ist dabei allerdings, daß sich das anthropozentrische Klugheitskalkül, das den ökonomischen Bewertungen zugrundeliegt, selbst seiner eigenen Grenzen bewußt ist: Nicht immer lassen sich Kosten und Erträge umweltpolitischer Maßnahmen hinreichend verläßlich in Geldgrößen ausdrücken, sei es, daß der betrachtete Zusammenhang zu kompliziert und zu wenig durchsichtig ist, sei es, daß die Datenlage keine zureichende Bewertung erlaubt oder sei es auch, daß aus übergeordneten Gesichtspunkten eine Bewertung höchst problematisch erscheint; letzteres betrifft vor allem den Wert von Menschenleben, von Tieren und Pflanzenarten, von Landschaften und ästhetischen Schöpfungen. Eine naturethisch geläuterte Anthropozentrik wird nun aus der mangelnden Quantifizierbarkeit solcher Faktoren keinen Vorwand für umweltpolitische Unterlassungen ableiten, vor allem dann nicht, wenn sich die Bedeutung einer Schutzmaßnahme wenigstens qualitativ begründen läßt. Eine derartige Haltung ist also durchaus vereinbar mit einem richtig verstandenen anthropozentrischen Klugheitskalkül, zu dessen Klugheit eben auch die Reflexion seiner Grenzen gehört. Es folgt aus einer solchen Betrachtungsweise eben nicht mehr, daß man auf den Erhalt einer angeblich so nutz- und wertlosen Tierart wie des "Federgeistchens" verzichten könnte, denn gerade ein recht verstandenes menschliches Klugheitskalkül sollte vor einer derartig vorschnellen Behauptung warnen, indem es auf die komplexen, vom menschlichen Intellekt niemals ganz durchschaubaren Wirkungszusammenhänge verweist. Wir wollen nun an einigen konkreten Beispielen die praktischen Folgerungen aus der hier skizzierten neuen Grundorientierung darstellen.

4 Die positive Bedeutung administrativer Regelungen

Praktische und unbestreitbare Defizite in den bundesdeutschen Umweltvorschriften, welche die Festschreibung eines umweltfeindlichen Standes der Technik begünstigen (vgl. oben Abschnitt 3), haben zu dem übertriebenen Pauschalurteil geführt, ökonomische Instrumente der Umweltpolitik seien generell und in jedem Falle administrativen Regelungen überlegen. So richtig in vielen Fällen der Einsatz ökonomischer Instrumente - wie Abgaben, Umweltnutzungsrechte, Risikoprämien - zur Lösung umweltpolitischer Probleme ist und wie zutreffend auch der Hinweis sein mag, daß die damit erzielbaren Kosteneinsparungen für ein höheres Niveau des Umweltschutzes genutzt werden könnten, Umweltpolitik ist auch und vor allem eine *gestalterische* Aufgabe. Dies gilt vor allem in folgender Hinsicht:

1. Nicht alle Umweltbelastungen können Gegenstand ökonomischer Abwägungen sein. Während es gute Gründe dafür geben mag, die SO_2-Belastung durch Einführung einer "Schwefelabgabe" zu verringern, so verbietet sich doch ein derartiges Instrument, wenn es um gravierende Umweltgefährdungen durch Emissionen etwa von Dioxin geht. In solchen Fällen hilft nur das unmittelbare administrative Verbot und nicht die (Dioxin-)Abgabe. Aber auch im Rahmen von Steuer- und Abgabenlösungen müssen Obergrenzen für zulässige, aber abgabenpflichtige "Restverschmutzungen" administrativ festgelegt werden.

2. Wichtige Vorentscheidungen in der Umweltpolitik fallen im Bereich administrativer Planungen: Die Gestaltung der Verkehrssysteme (Verkehrsplanung), die Art und Intensität räumlicher Nutzung (Stadt- und Landschaftsplanung) sowie die Abschätzung ökologischer Folgen industrieller und staatlicher Projekte (Umweltverträglichkeitsprüfung) sind dafür anschauliche Beispiele. Selbstverständlich macht es Sinn, sich hierbei der Kosten-Nutzen-Analyse zu bedienen; die daraus folgenden Bewertungen können indes nicht die bewußte politische Entscheidung ersetzen. Gerade unter dem Gesichtspunkt der Vorsorge haben planerisch-gestaltende Elemente ihre besondere Bedeutung vor allem auch in demokratischen Gemeinwesen (vgl. auch Spindler 1983 sowie Binswanger u.a. 1988, Kap. 5.2).

3. Auch die oben dargestellten ökonomischen Instrumente bedürfen ihrerseits einer vorherigen, teilweise recht detaillierten "Rahmensetzung", wie etwa die Studie von Kabelitz (1984), eines Befürworters von Umweltnutzungsrechten, deutlich macht. Es ist nicht einfach die unsichtbare Hand des Marktes, die Preise für Umweltnutzungsrechte bestimmt, sondern vor allem die sehr sichtbare Hand der Verwaltung, die eine Vielzahl administrativer Regelungen, etwa hinsichtlich der Abgrenzung von Belastungsgebieten und zulässigen Gesamtemissionswerten, vorab zu treffen hat. Ähnliches gilt für den Einsatz steuer- oder versicherungsrechtlicher Instrumente. So wird auch erst die Einräumung vernünftiger Alternativen im öffentlichen Personennahverkehr die bislang sehr niedrigen Preiselastizitäten der Nachfrage nach Kraftstoffen und Kraftfahrzeugen, die ihrerseits die Wirksamkeit steuerlicher Maßnahmen in diesem

Bereich behindern, so ansteigen lassen, daß auch das steuer- und abgabenpolitische Instrumentarium wirklich greifen kann. Hinter geringen Nachfrageelastizitäten steht gerade im Umweltbereich oftmals das Fehlen umweltverträglicher Alternativen aufgrund *politischer* Defizite.

4. Vor allem bei der Endnachfrage sind administrative Regelungen ganz unverzichtbar, hauptsächlich deswegen, weil sie über Normierungen und Kennzeichnungspflichten wichtige Ergänzungen zur Preisinformation darstellen, die nur in der reinen ökonomischen Theorie, nicht aber in der Realität, schon alle Eigenschaften der Güter zutreffend und vollständig beschreibt. Die Vereinheitlichung von Bezeichnungen, das Verbot irreführender Begriffe und gesetzlich vorgeschriebene Hinweise auf aktuell oder potentiell gefährdende Inhaltsstoffe sind gerade für die Konsumenten von ganz entscheidender Bedeutung. Solche administrativen Vorschriften ergänzen dann den Preiswettbewerb in erwünschter Weise durch einen "ökologischen Qualitätswettbewerb".

5 Ergänzende Maßnahmen der Technologie- und Sozialpolitik

In einer Marktwirtschaft tendiert die Umweltpolitik immer eher zur (absatzfördernden) Nachsorge als zur (produktionsbegrenzenden) Vorsorge. Oftmals konzentriert sich die Umweltpolitik auf die nachträgliche Beseitigung, Begrenzung oder die finanzielle Kompensation für bereits entstandene Umweltschäden. Die Entwicklung von vornherein integrierten, belastungsvermeidenden Umweltschutztechnologien gehört dagegen überwiegend zum Bereich der (nicht unmittelbar gewinnbringenden) Grundlagenforschung; sie erfordert einen hohen Finanzaufwand und kommt letztlich auch denen zugute, die zuvor keine Forschung betrieben haben. Rein marktwirtschaftlich wird deswegen diese Art von ökologischer Technologieentwicklung in zu geringem Umfang betrieben, und daher bedarf die vorsorgende Umweltpolitik der staatlichen Unterstützung, insbesondere im Bereich der Grundlagenforschung für integrierte und belastungsvermeidende Technologien: Bei einer rein marktorientierten Umweltpolitik setzt sich eher die Tendenz durch, Filter zu verkaufen, die nachträglich in eine umweltschädliche Anlage eingebaut werden; die Entsorgung solcher Filter wirft dann später erneut Probleme auf. Dagegen setzen Vermeidungstechnologien die Entwicklung neuer Verfahren voraus, die mit hohem Forschungsaufwand und hohen finanziellen Risiken verbunden sind; dies ist einer der wenigen Fälle, in denen das "Gemeinlastprinzip", also die Subventionierung aus öffentlichen Mitteln, wirklich auch ökonomisch gerechtfertigt ist.

Die Anwendung des Gemeinlastprinzips ist, wie eingangs erwähnt, auch dann sinnvoll oder jedenfalls unvermeidlich, wenn es um die Beseitigung von in der Vergangenheit angehäuften Altlasten geht, deren Verursacher heute entweder nicht mehr festzustellen oder aus finanziellen oder juristischen Gründen nicht mehr zur Kasse zu bitten sind. Diese öffentliche Altlastensanierung muß jedoch an enge Kriterien gebunden werden, damit nicht, wie dies in der Praxis häufig geschieht, das harte und wirksame Verursacherprinzip durch das bequemere, aber ökonomisch und ökologisch weitaus weniger wirksame Gemeinlastprinzip verdrängt wird. Identifizierbare, rechtlich haftbare Verursacher sollten also weitaus weniger als bisher in den Genuß öffentlicher Mittel kommen; öffentliche Subventionen als "Schmiermittel der Umweltpolitik" haben immer wieder die Tendenz, diese Umweltpolitik selber ins Schleudern zu bringen, nicht zuletzt deswegen, weil die dafür vergeudeten Mittel dann nicht mehr für eine vorausschauende ökologische Technologiepolitik zur Verfügung stehen.

Flankierende sozialpolitische Maßnahmen sind sowohl bei administrativen wie bei ökonomischen Instrumenten der Umweltpolitik wichtig; dies gilt besonders für ökologisch orientierte Steuern und Abgaben. Die in den Güterpreisen weitergegebene Belastung der natürlichen Umwelt, etwa durch eine Energiebesteuerung, trifft verschiedene Gruppen von Nachfragern in unterschiedlicher Weise: Haushalte mit geringem Einkommen und wenig Ausweichmöglichkeiten (z.B. Rentner und Sozialhilfeempfänger) werden dadurch in besonderem Maße betroffen, ohne daß ihnen ausreichende Möglichkeiten zur Verfügung stünden, ihren Konsum in ökologisch erwünschter Weise umzustrukturieren. Ihnen fehlen z.B. oftmals das Geld und auch die rechtlichen Möglichkeiten, Wärmedämmaßnahmen in ihren Wohnräumen durchzuführen. Für solche besonders bedürftigen Konsumentengruppen muß die ökologisch gewünschte Verteuerung bestimmter Produkte durch gezielte Einkommenshilfen (z.B. Brennstoffbeihilfen) sozial erträglich gemacht werden. Auch in diesen Fällen ist auf eine genaue Begrenzung der Anspruchsberechtigten zu achten, damit das Verursacherprinzip nicht wieder auf dem Wege einer falsch verstandenen Sozialpolitik "ausgehebelt" wird. Sinnvolle Kombinationen umwelt- und sozialpolitischer Maßnahmen müssen in Zukunft an die Stelle eines häufig betriebenen "politischen Spiels" treten, bei dem versucht wird, Umweltpolitik und Sozialpolitik gegeneinander auszuspielen, wobei erfahrungsgemäß am Ende beide auf der Strecke bleiben.

6 Die Notwendigkeit des Energiesparens

Eine besonders wichtige Forderung an eine weniger umweltgefährdende Wirtschaftsweise besteht darin, daß in Produktion und Konsum weniger Energie verbraucht wird. Darauf haben viele Umweltökonomen (vgl. etwa Binswanger et al. 1978, 1983, 1988) hingewiesen. Nach den Vorstellungen dieser Autoren soll zwar das Energiesparen vor allem über den Preis gesteuert werden; die Steuerung des Preises selbst kann aber angesichts der Besonderheiten der Energiemärkte nicht vollständig dem Markt überlassen werden. Warum ist nun das Energiesparen ein derartig zentraler Ansatzpunkt für eine langfristig verträgliche Wirtschaftsweise? Warum ist es so wichtig, langfristig den Energieverbrauch von der Entwicklung des Sozialprodukts abzukoppeln? Die Forderung der genannten Autoren lautet, daß der Einsatz von Primärenergie in den entwickelten Industrieländern langfristig gesenkt werden soll, und nur soweit dieser Forderung Genüge getan wird, soll in Zukunft noch ein Sozialproduktswachstum möglich sein. Dahinter steht die Vorstellung, daß der Energieverbrauch ein besonders guter Maßstab für den haushälterischen oder auch verschwenderischen Umgang mit unserer natürlichen Umwelt ist. Zunächst einmal ist zu bedenken, daß Energie zu rund 90% aus nicht erneuerbaren Ressourcen gewonnen wird, also insbesondere aus fossilen Brennstoffen (Braun- und Steinkohle, Erdöl und Erdgas) oder, im Falle der Kernenergie, aus Uran. Regenerative Energien wie die Nutzung von Sonne, Wind und Wasser oder von nachwachsenden Rohstoffen spielen bisher nur eine bescheidene Rolle. Gerade die fossilen Brennstoffe sind ein augenfälliges Beispiel dafür, wie erschöpfliche Ressourcen der Erde entnommen werden und, einmal verbraucht, unwiederbringlich verloren sind. Hinzu kommen die riesigen globalen Klimakatastrophen durch die Kohlendioxidanreicherung in der Atmosphäre, die als Hauptursache für den befürchteten Treibhauseffekt gilt. Andererseits machen aber auch das Risiko verheerender Unfälle und das bisher ungelöste Problem der sicheren Endlagerung hochradioaktiven Abfalls deutlich, daß der vermeintliche Ausweg, die vermehrte Nutzung der Kernenergie, an enge natürliche Grenzen stößt.

Die Zuteilung der nur begrenzt vorhandenen Energieträger erfolgt, vor allem in den Industrieländern, fast ausschließlich über den Markt. So nützlich dieses zentrale Steuerungselement ist, wenn es darum geht, knappe Güter auf alternative Verwendungszwecke aufzuteilen, so ist es im Falle erschöpflicher Ressourcen, also auch der fossilen Brennstoffe, nur begrenzt anwendbar: Marktpreise drücken vor allem kurzfristige Knappheiten aus, die durchaus in Widerspruch zu den langfristigen Knappheitsrelationen kommen können. Wenn etwa infolge forcierter Erdölförderung in den Ländern der Dritten Welt ein Angebotsüberschuß auf den Treibstoffmärkten entsteht, so führt dies zu einer für die Konsumenten kurzfristig höchst erfreulichen Preissenkung, aber die ökologische Bilanz sieht weniger positiv aus: Auf diese Weise entstehen wieder bedenkliche Anreize zur Steigerung des Energieverbrauchs und auch dazu, bereits vorhandene Anstrengungen zur Energieeinsparung zu verringern oder ganz einzustellen; darüber hinaus führt die kurzfristig forcierte Förderung natürlich zu einer Verschärfung des langfristigen Knappheitsproblems. Lange Zeit kann nun eine Zunahme langfristiger Knappheit bei erschöpflichen Ressourcen mit stagnierenden oder gar noch sinkenden Preisen einhergehen, eben aufgrund des kurzfristigen Überangebots solcher Ressourcen auf den laufenden Märkten. Man kann hier also nicht allein auf die Regulierungskräfte einer Marktwirtschaft vertrauen.

Die Bewertung erschöpflicher Ressourcen durch Marktpreise findet eine weitere Grenze in der Tatsache, daß sich auf den laufenden Märkten nur gegenwärtig lebende Anbieter und Nachfrager zu Wort melden können. Dasselbe gilt auch für den politischen Prozeß. Da die künftigen Generationen sich heute weder auf Märkten noch in der Politik artikulieren können, besteht die Gefahr, daß ihre Interessen unter den Tisch fallen. Mit unseren heutigen Entscheidungen für mehr oder weniger Verbrauch erschöpflicher Ressourcen, wie der Energie, entscheiden wir also zugleich mittelbar über die Nutzungsmöglichkeiten künftiger Generationen. Wollen wir unseren gegenwärtigen Verbrauch zugunsten unserer Nachkommen einschränken, so können wir dies wirksam dadurch tun, daß wir die vorhersehbare langfristige Knappheit der erschöpflichen Ressourcen bereits durch die Erhebung einer "Ressourcenabgabe" in die heutigen Preise hineinnehmen, sozusagen "hinein-teleskopieren". Erhöht man beispielsweise die heutigen Energiepreise durch eine entsprechende Abgabe, so regt dies schon jetzt zu einem Minderverbrauch an, und das entschärft einerseits das Knappheitsproblem für künftige Generationen und andererseits die bereits erwähnte Problematik der Kohlendioxidanreicherung in der Atmosphäre.

Energiesparen durch Erhebung einer Abgabe läßt sich also zum einen dadurch begründen, daß wir Energie als Prototyp einer erschöpflichen Ressource betrachten. Der zweite Grund bezieht sich aber auf die Schadstoffbilanz: Die Gewinnung von Energie wie auch ihr Einsatz in der Produktion sind in aller Regel mit erheblichen Umweltbelastungen verbunden. So belastet der Einsatz von Öl in Verbrennungsmotoren und Heizungsanlagen die Luft mit Stickoxiden und Schwefeldioxid, das bei der Verbrennung entstehende Kohlendioxid trägt erheblich zum Treibhauseffekt bei, und nicht zuletzt werden immer wieder Gewässer und Böden durch austretendes Öl verseucht. Die Begrenzung des Energieverbrauchs bedeutet also auch zugleich eine Begrenzung der damit verbundenen Umweltschäden. Gerade am Beispiel der Energieabgabe zeigt sich, wie wichtig die gleichzeitige Nutzung ökonomischer und administrativer Maßnahmen ist. Sowohl über Verbrauchs- und Verfahrensvorschriften (etwa bei der Wärmedämmung oder bei Kraftfahrzeugmotoren) als auch durch eine steuerliche Verteuerung der Energie läßt sich eine wirksame Begrenzung des Energieverbrauchs erreichen. Damit werden mehrere Ziele ökologischen Wirtschaftens zugleich angestrebt:

1. Es kommt zu einer langsameren und schonenderen Nutzung der nur begrenzt vorhandenen fossilen Energieträger, und damit werden die Nutzungsmöglichkeiten künftiger Generationen verbessert.

2. Die Senkung des Energieverbrauchs führt auch zu einer Senkung der Umweltbelastung, weil damit Schwefeldioxid-, Stickoxid- und andere Schadstoffemissionen aus Heizkraftwerken und Verbrennungsmotoren verringert werden.

3. Der verminderte Einsatz fossiler Energieträger führt zu einer Verringerung der Kohlendioxidbelastung und wirkt damit der befürchteten globalen Klimagefährdung entgegen.

4. Die Verteuerung der aus erschöpflichen Ressourcen gewonnenen Energie durch eine Energieabgabe begünstigt die Entwicklung alternativer erneuerbarer Energiequellen (wie Wind- und Sonnenenergie) und macht gezielte Investitionen in energie- und ressourcenschonende Produktionsverfahren lohnend. Insbesondere wird auch der Individualverkehr dadurch zurückgedrängt.

Gerade das Beispiel des Energiesparens macht deutlich, daß Umweltpolitik nicht an der Scheinalternative von "Markt" oder "Staat" entschieden werden kann, sondern daß sie zu ihrer Wirksamkeit des gezielten Zusammenwirkens beider Elemente bedarf. Diese Notwendigkeit des Zusammenwirkens verschiedener Steuerungselemente läßt sich an Müller-Armacks Konzept des "Wirtschaftsstils" verdeutlichen, das vor allem Bertram Schefold (1987, vgl. auch Binswanger et al.

1983, Kap. 3) in die ökologische Diskussion eingeführt hat. Diesem Konzept will ich mich nun abschließend zuwenden.

7 Grundzüge eines neuen Wirtschaftsstils

Der Zustand unserer natürlichen Umwelt erfordert das Zusammenwirken ökonomischer und außerökonomischer Instrumente und Verfahren. Positive Analyse und normative Entscheidung, staatliche Regulierung und marktmäßige Bewertung, monetäre Quantifizierung und qualitative Problemanalyse, kurzfristige ökonomische Anreize und langfristige Bewußtseinsänderungen sind erforderlich; es macht keinen Sinn, ein Element gegen das andere auszuspielen. Sie werden alle benötigt, wenn eine langfristige Umstrukturierung der Wirtschaft in Richtung auf weniger Umweltbelastung und Ressourcenverbrauch stattfinden soll. In ökologischer Perspektive verlieren die klassischen Abgrenzungen der Wirtschaftssysteme nach der Form des Eigentums oder nach der vorherrschenden Art der ökonomischen Steuerung viel von ihrer traditionellen Bedeutung; allerdings sprechen nicht zuletzt die Erfahrungen in den osteuropäischen Ländern dafür, daß auch eine ökologisch-soziale Wirtschaft in erster Linie auf Privateigentum und Marktsteuerung setzen sollte.

So wichtig es nun ist, die Marktwirtschaft in einem "ökologischen Rahmen" operieren zu lassen, der wenigstens ansatzweise den Umwelt- und Ressourcenverbrauch in die Bewertung der ökonomischen Akteure eingehen läßt - das ist letztlich die Quintessenz des eingangs erwähnten Verursacherprinzips -, so sind darüber hinaus noch andere Veränderungen wichtig: Planungsprozesse von Staat und Unternehmen müssen neu überdacht werden, die Objekthaltung der Menschen zu ihrer Umwelt muß langfristig verändert werden. Damit kommen wir zu dem Begriff eines "ökologischen Wirtschaftsstils", der "eine besondere Einheit von Motivation und Verkehrsformen und eine spezifische Komplementarität der Institutionen in einer Volkswirtschaft" (Binswanger et al. 1983:118) beschreibt. In einem solchen Wirtschaftsstil spielen Umweltlernen und Umweltnormen, kurz: ein anderer Umgang der Menschen mit der Natur, eine entscheidende Rolle. Die ökonomische Bewertung des Marktes wird ergänzt durch eine Beschreibung der stofflichen Eigenschaften von Produktionsprozessen, die es allen Beteiligten erleichtert, auch ökologisch begründete Entscheidungen zu fällen. Dabei geht es nicht darum, die "Schuld" an der Umweltkrise irgendeiner speziellen Gruppe - etwa den Konsumenten - anzulasten, sondern vielmehr darum, die Nachfrager durch gezielte Information und Aufklärung mehr als bisher in den Stand zu setzen, ihren Beitrag zur Lösung der Umweltprobleme zu leisten.

Der Begriff des Wirtschaftsstils, so wenig streng er bisher noch entwickelt ist, erlaubt es auch, von der Ökonomie traditionell vernachlässigte oder monetär verkürzte Dimensionen menschlichen Handelns besser als bisher in das Blickfeld zu rücken. Schönheit, Ästhetik, die Bedingungen guten menschlichen Lebens und Zusammenlebens über eine bloße Versorgung mit Gütern und Dienstleistungen hinaus werden zumindest als Probleme einer ökologisch orientierten Wirtschaft benannt. Auch die Bedeutung der freiwilligen Selbstbindung von Menschen über Normen jenseits einer bloßen Kostenzurechnung über Preise wird in dieser Perspektive erkennbar. Es ist zwar nur ein bescheidener Fortschritt, denn von der Benennung der Probleme bis hin zu ihrer wissenschaftlichen Behandlung oder gar ihrer politischen Lösung ist es gewiß noch ein weiter Weg. Wir werden diesen Weg um so zielstrebiger zurücklegen können, je mehr wir uns der Grenzen einer rein ökonomischen Umweltpolitik bewußt sind, ohne damit auf den wichtigen Lösungsbeitrag von Marktwirtschaft und ökonomischer Theorie zu verzichten.

Literatur:

Binswanger, H. C.; Geissberger, W.; Ginsburg, T. (1978) Wege aus der Wohlstandsfalle. Der NAWU-Report: Strategien gegen Arbeitslosigkeit und Umweltkrise, Frankfurt/M.

Binswanger, H. C.; Frisch, H.; Nutzinger, H. G.; Schefold, B.; Scherhorn, G.; Simonis, U. E.; Strümpel, B. (1988) Arbeit ohne Umweltzerstörung. Strategien für eine neue Wirtschaftspolitik, Frankfurt/M. 1983, überarbeitete Neuauflage 1988

Endres, A. (1985) Umwelt- und Ressourcenökonomie, Darmstadt

Frey, B. (1972) Umweltökonomie, Göttingen

Hampicke, U. (1985) Die volkswirtschaftlichen Kosten des Naturschutzes in Berlin (Landschaftsentwicklung und Umweltforschung, Schriftenreihe des Fachbereichs Landschaftsentwicklung der TU Berlin, Nr. 35), Berlin

Kabelitz, K. R. (1984) Eigentumsrechte und Nutzungslizenzen als Instrumente einer ökonomisch rationalen Luftreinhaltepolitik (IFO-Studien zur Umweltökonomie, Band 5), München

Meissner, W. (1987) Umweltökonomie und politische Ökonomie. Manuskript, Universität Frankfurt

Meyer-Abich, K. M. (1984) Wege zum Frieden mit der Natur. Praktische Naturphilosophie für die Umweltpolitik, München - Wien

Meyer-Abich, K. M. (1986) 30 Thesen zur praktischen Naturphilosophie. In: Lübbe, H./Ströker, E. (Hrsg.), Ökologische Probleme im kulturellen Wandel (Ethik der Wissenschaften, Band V), Paderborn 1986, S. 100-108

Nutzinger, H. G. (1987) Raumschiff Erde ohne Treibstoff? Evangelische Kommentare 5, Mai 1987, S. 254-258

Nutzinger, H. G. (1988) Grenzen einer marktorientierten Umweltpolitik, Verbraucherpolitische Hefte, 6, Mai 1988, S. 39-50

Nutzinger, H. G. (1991) Ökologisch orientierte Steuern. Beitrag zum Öko-Almanach, Frankfurt/M.

Schefold, B. (1987) Die Politik in der Wirtschaftsgesellschaft aus historischer Sicht. Manuskript, Universität Frankfurt

Spindler, E. A. (1983) Umweltverträglichkeit in der Raumplanung. Ansätze und Perspektiven zur Umweltgüteplanung (Dortmunder Beiträge zur Raumplanung, Band 28), Dortmund

Weidner, H. (1985) Umweltpolitik in Japan, Umschau 85, Heft 11, S. 687-691

Diskussion zum Beitrag Nutzingers

(Zusammenfassung durch H. Borchers, A. Föller und B. Hedderich)

Die Diskussion konzentrierte sich auf vier Themenbereiche:
(a) Internationale Problematik der Finanzierbarkeit des Umweltschutzes
(b) Primärenergieabgabe
(c) Umweltverträglichkeitsprüfung
(d) Preisstrukturänderung zugunsten umweltfreundlicher Produkte

(a) *Internationale Problematik der Finanzierbarkeit des Umweltschutzes*

Eine Umstellung der Wirtschaft im Hinblick auf umweltschonenderen Umgang mit Ressourcen ist weder für die osteuropäischen Länder noch für die sogenannte Dritte Welt finanzierbar. Hier rät Nutzinger zu verstärktem Transfer von "know how" sowie zu massiven Vorleistungen der sogenannten "reichen Länder". Dies liegt bei den geographisch so nahen osteuropäischen Ländern schon im eigenen Interesse, um Schmutzimporte zu reduzieren. Hier läßt sich als theoretische Begründung auf das Coase-Theorem als Grundlage bilateraler Vereinbarungen zurückgreifen. Im Falle der "Dritten Welt" sind die Industrienationen zum einen wegen ihrer größeren Leistungsfähigkeit, zum anderen aber auch aus moralischen Überlegungen zu Vorleistungen verpflichtet; schließlich sind die Industrieländer in erheblich größerem Umfang für die derzeitige Verschmutzung der Umwelt verantwortlich.

Wachstum als Voraussetzung für die Finanzierbarkeit der Umweltpolitik zu fordern, hält Nutzinger für verfehlt. Insgesamt ist Wachstum des Sozialprodukts, zumindest wie es derzeit gemessen wird, nur ein unzureichender Wohlfahrtsindikator. Wachstum ist lediglich ein mögliches Ergebnis des Wirtschaftsprozesses, aber nicht ein Ziel an sich. Es muß zwar nach Nutzingers Meinung auch kein Null-Wachstum vorgeschrieben werden, aber jegliches Wachstum soll in einem ökologisch verträglichen Rahmen erfolgen. Bessere Umweltqualität kann ein Ziel sein, nicht aber isoliert die Größe Wachstum.

(b) Primärenergieabgabe

Nutzinger plädiert dafür, eine Primärenergieabgabe (Bemessungsgrundlage: Brennwert) bei den Produzenten auf alle Energieträger mit Ausnahme der regenerativen zu erheben. Damit soll u.a. auch ein Anreiz zur Effizienzsteigerung bei der Erzeugung und Übertragung von Energie geschaffen werden. Eine Emissionsabgabe hingegen hält er in kleinerer Dimensionierung nur als Zusatzabgabe für sinnvoll, um der unterschiedlichen Schädlichkeit verschiedener Emissionen Rechnung zu tragen. Gegen eine Emissionsabgabe (z.B. auf Kohlendioxid) als einziges Instrument zur Belastung umweltschädigender Energieerzeugung spricht in erster Linie die damit verbundene ungerechtfertigte Bevorzugung der Kernenergie, die z.Z. auch nicht alle anfallenden Kosten in der betriebswirtschaftlichen Rechnung berücksichtigt. Zu nennen wären hier die Kosten der Grundlagenforschung, die noch ungeklärte Höhe der Abbruchkosten sowie der übrigen, letztlich nicht einschätzbaren Risiken. Die Einbeziehung dieser Kosten würde die Konkurrenzfähigkeit regenerativer Energieträger wesentlich erhöhen. Dies ist nach Nutzinger ein Beispiel dafür, wie die Marktwirtschaft "ausgehebelt" wird.

Die Zweckbindung der Einnahmen aus der Primärenergieabgabe (es wird nach einer Berechnung des BUND mit einem Aufkommen von 150 Mrd. DM gerechnet bei einer für die Unternehmen planbaren, schrittweisen Einführung und einem Abgabesatz von 2 Pfennig/kWh) hält Nutzinger für nicht erstrebenswert aufgrund finanzwissenschaftlicher Schwierigkeiten bei der Budgetgestaltung. Sinnvoller erscheint ihm eine generelle Aufwertung des Umweltbereichs im Rahmen des Gesamtbudgets.

Die Einführung der Primärenergieabgabe führt über die dann einsetzende Überwälzung zu einer Verteuerung der betroffenen Energien. Dies ist erwünscht in Bezug auf erhoffte Substitutionswirkungen. Probleme ergeben sich, wenn dem Nachfrager nicht in ausreichendem Umfang Alternativen zur Verfügung stehen. Hier sind ergänzende Maßnahmen dringend erforderlich, damit z.B. ein Umsteigen vom Auto auf öffentliche Verkehrsmittel überhaupt möglich wird. Gruppen, denen aufgrund finanzieller Beschränkungen keine Alternativen offenstehen, müssen nach Nutzinger unterstützt werden. Allerdings sollten die Bemessungsgrundlagen so eng gewählt werden, daß die Wirksamkeit des Instruments Primärenergieabgabe nicht unterhöhlt wird. Denn auch wenn eine sozialpolitische Absicherung unabdingbar ist, so läßt sich eine Einkommensumverteilung aufgrund der angestrebten Preisstrukturänderung nicht vermeiden. Inwieweit dies zu einer ungerechteren Verteilung führt, läßt sich zum heutigen Zeitpunkt schwer abschätzen, vor allem da auch die Verteilung der erwarteten Nutzen einer verbesserten Umweltqualität schwer einschätzbar ist.

(c)   Umweltverträglichkeitsprüfung

Die Forderung nach einer Umweltverträglichkeitsprüfung bei der Einführung neuer Produkte ergibt sich nach Nutzinger aus dem Problem mangelnder Information. Weder sind z.T. die Bestandteile neuer Stoffe bekannt noch mögliche Gefährdungen, die von ihnen ausgehen können. Als Beispiel führte er Dioxin an, dessen Gefährlichkeit erst mit erheblicher zeitlicher Verzögerung erkannt wurde. Es besteht zwar seiner Meinung nach kein Zweifel darüber, daß nicht alles von vorne herein verbietbar ist, aber größere Vorsicht ist geboten, auch bei eingeführten Produkten und bekannten Techniken. Hier erübrigt sich zwar eine Umweltverträglichkeitsprüfung, jedoch müßte auf erkannte Risiken schneller mit Obergrenzen und ab einem gewissen Grad der Gefährdung mit Verbot reagiert werden.

(d)　Preisstrukturänderung zugunsten umweltfreundlicher Produkte

Nutzinger hält den Preismechanismus im Grunde für ein wirkungsvolles Lenkungsinstrument. Allerdings ist er mit zu vielen Verzerrungen im Umweltbereich behaftet. Als Beispiel verweist er auf den noch immer gespaltenen Stromtarif, der hohen Verbrauch bevorzugt. Außerdem verdecken betriebswirtschaftliche Überschüsse im Stromsektor die Tatsache, daß nicht alle volkswirtschaftlichen Kosten erfaßt werden, wie etwa Schäden durch Treibhausgase, höhere Krankheitsrisiken und Verschwendung von Ressourcen zu Lasten zukünftiger Generationen. D.h. trotz scheinbar hoher Strompreise decken diese nicht alle gesamtgesellschaftlich entstehenden Kosten ab und müßten deshalb erhöht werden, damit verstärkt auf die "Ressource" Stromsparen zurückgegriffen wird. Zusätzlich sollten solche Preissignale jedoch durchaus mithilfe anderer Regelungen, wie z.B. bautechnischen Auflagen, ergänzt werden. Ein anderes Beispiel stellen die Treibgase dar. Bis zum Beweis ihrer völligen Unbedenklichkeit sollten die FCKW-Substitute steuerlich belastet werden, um die preisliche Attraktivität von Alternativen, die auf Treibgase völlig verzichten, zu erhöhen. Der selbe Effekt ließe sich nach Nutzinger sicherlich auch allein mithilfe des Ordnungsrechts erreichen. Dieser Weg verursacht allerdings höhere Kosten und ist damit auch sozialpolitisch schädlicher als ein bewußter Einsatz marktkonformerer Instrumente. Allerdings darf auch der Ansatz über die Preise nicht verabsolutiert werden. So spricht sich Nutzinger gegen eine steuerliche Belastung bei Pestiziden und Herbiziden aus, da keine Korrelation zwischen Preis und Gefährlichkeit bestehe. Hier seien schärfere Zulassungsbedingungen zu fordern.

Insgesamt erscheint es nicht so wichtig, über ein bestimmtes Instrument zu diskutieren. Vielmehr ist eine Abstimmung zwischen verschiedenen Instrumenten und Sachverhalten durchzuführen. Über einen solchen "policy-mix" hinaus ist der Schwerpunkt von Instrumenten, die eher der Nachsorge dienen, auf solche der Vorsorge zu legen.

Ziele und Instrumente einer Energiepolitik zur Eindämmung des Treibhauseffekts

Von P. Hennicke
Fachhochschule Darmstadt

1   Der Treibhauseffekt als Naturschranke für den Energieverbrauch

2   Weltweite Handlungszwänge und -spielräume
2.1   Internationale Konvention zum Schutz der Erdatmosphäre
2.2   Gegen den Weltmarkt steuern

3   Eine Vorreiterrolle der Bundesrepublik ist möglich
3.1   Was geschieht, wenn zu wenig geschieht?
3.2   Eine drastische CO_2-Reduktion in der BRD ist technisch möglich

4   Die Umsetzung einer Klimastabilisierungspolitik
4.1   Zwei mögliche ordnungspolitische Wege bei der Umsetzung
4.2   Das Finanzierungsproblem
4.3   "Marktwirtschaftliche Energiepolitik": Globale Instrumente reichen nicht
4.4   Energiedienstleistungsunternehmen
4.5   Märkte für "Energiedienstleistungen" und "Least-Cost Planning"
4.6   Strukturelle Hemmnisse: Die Überwindung der Investitions- und Innovationsblockade

Die wahrscheinliche Entwicklung und die möglichen Auswirkungen des anthropogenen (zusätzlichen) Treibhauseffekts sind in zahlreichen Publikationen, Studien und Anhörungen dargestellt worden: In der Bundesrepublik vor allem im Rahmen der Arbeiten der Enquete-Kommission "Vorsorge zum Schutz der Erdatmosphäre", auf deren Zwischenberichte hier insbesondere verwiesen wird.[1] Der Schwerpunkt dieses Beitrags liegt jedoch auf der Analyse möglicher Gegenmaßnahmen; denn trotz zahlreicher noch ungeklärter naturwissenschaftlicher Zusammenhänge und vieler möglicher Fehlerquellen bei den äußerst komplexen Klimamodellrechnungen "wissen wir schon jetzt genug, um zu handeln" (K.M. Tolba); die Vorsorge, das eigene Interesse und das Interesse künftiger Generationen erfordern dringend weltweite Gegenmaßnahmen, obwohl bisher quasi nur ein "Indizienbeweis" für den Treibhauseffekt vorliegt. Der empirisch endgültig abgesicherte Beweis darf nicht abgewartet werden, weil katastrophale Auswirkungen und exorbitante Zusatzkosten dann nicht mehr zu verhindern wären. Im übrigen gilt: Selbst wenn es den Treibhauseffekt nicht gäbe, wären die wichtigsten Gegenmaßnahmen - absoluter Vorrang für rationelle Energienutzung und erneuerbare Energiequellen - auch aus Gründen des Umwelt- und Ressourcenschutzes und zur Eindämmung militärischer Verteilungskämpfe um das Öl ohnehin notwendig. Eine forcierte Klimaschutzpolitik bedeutet in gesellschaftlicher und langfristiger Perspektive für die Industrieländer kein Opfer, sondern die - vielleicht letzte - historische Chance zur Abkehr von einem weltweit nicht verallgemeinerungsfähigen und destruktiven Wirtschafts- und Lebensstil. Das Risiko, zu viel für den Klimaschutz zu tun, ist deshalb gering; das Risiko des Nichtstuns ist dagegen groß.

1 Der Treibhauseffekt als Naturschranke für den Energieverbrauch

Die Erschöpfbarkeit der Energieressourcen, die Energiepreiskrisen und die neokoloniale Aggression um die "Verfügbarkeit" der Ölressourcen prägen die energiepolitische Diskussion seit den 70er Jahren; dann kamen die Gefahren und Risiken hinzu, die durch den weltweiten Ausbau der Atomenergie verursacht werden. Für die Zukunft gilt: Nicht nur die Erde, sondern der Himmel ist die Grenze. Der drohende Treibhauseffekt zeigt an, daß die Epoche des extensiven Energie-und Umweltverbrauchs auf eine Naturschranke stößt. Bei ungebremster Entwicklung des weltweiten Energieverbrauchs errechnen die meisten Klimamodelle eine globale Temperaturerhöhung von 1,5 - 4,5°C allein aus der erhöhten CO_2-Konzentration (bei einer Verdoppelung der vorindustriellen CO_2-Konzentration von 280 ppm auf 560 ppm) und noch einmal so viel infolge der anderer Treibhausgase (vor allem FCKW, Methan, N_2O, Ozon). Die Folgen einer globalen, durchschnittlichen Temperaturerhöhung von 3 - 9°C werden im Rahmen von Klimawirkungsforschungen als Weltkatastrophe eingeschätzt.

---

[1] Vgl. Enquete-Kommission (1988, 1990). Dieser Beitrag berücksichtigt den Sachstand der Klimadiskussion bis Anfang Oktober 1990.

Mit Klimamodellrechnungen läßt sich zeigen, daß - bei plausiblen Annahmen über die Entwicklung der Emissionen der übrigen Spurengase - eine mögliche klimastabilisierende CO_2-Reduktionspolitik bis zum Jahr 2100 durch die drei folgenden wechselseitig äquivalenten Grenzwerte beschrieben werden kann:[2]

- die globale Durchschnittstemperatur darf nur noch max. um 2°C zusätzlich steigen;

- die Konzentration von CO_2 darf nur noch um rd. 50 ppm (Anstieg auf rd. 400 ppm) ansteigen;

- weltweit darf nur noch ein "Budget" von rd. 300 Mrd.t Kohlenstoff (derzeitige Emissionen rd. 5,7 Mrd.t p.a.) freigesetzt werden.

Dieses "Budget" wäre bereits aufgezehrt, wenn nur die wirtschaftlich gewinnbaren Öl- bzw. Gasreserven und keine einzige Tonne Kohle mehr verbrannt würde (vgl. Krause et al. 1989). Der Aufruf von DMG/DPG (1987) für eine wirksame Klimaschutzpolitik geht z.B. davon aus, daß nur noch etwa 1/3 der bekannten abbaubaren Vorräte aus fossilen Brennstoffen (insgesamt 900 Mrd. t SKE) verbraucht werden darf.

Alle Kohlenstoffemissionen der USA zwischen 1950-84 addiert und pro Kopf verteilt ergeben durchschnittlich pro Amerikaner fast 5 Tonnen/Menschjahr, eine entsprechende Rechnung für einen Bewohner der 3. Welt dagegen nur 225 kg/Menschjahr (vgl. Krause et al. 1989): Die Klimakatastrophe wäre schon in 10 Jahren unvermeidbar, wenn jeder Bewohner der 3. Welt das gleiche "Verschmutzungsrecht" der Atmosphäre in Anspruch nehmen würde wie heute ein Amerikaner oder Westeuropäer. Dies macht schlaglichtartig deutlich, wie maßlos die Industrieländer die knappe Ressource "Atmosphäre" bereits überbeansprucht haben; in ökologischer Hinsicht sind die Industrieländer bankrott, ihre "Verschmutzungsrechte" der Atmosphäre sind aufgebraucht. Eine Politik des "weiter so" wäre bereits für die nächste Generation und vor allem gegenüber der 3. Welt kriminell. Schon jetzt muß von "ökologischem Imperialismus" gesprochen werden, weil die atmosphärischen Altlasten des kapitalistischen Industrialisierungstyps der 3. Welt eine vergleichbar bequeme und verschwenderische Entwicklungsstrategie auf immer verbaut haben. Die konkrete Gefahr zeichnet sich ab, daß die Industrieländer, um einschneidende Maßnahmen im eigenen Wirtschafts-und Gesellschaftssystem zu vermeiden, der 3. Welt im Rahmen einer weltweiten Klimastabilisierungspolitik inakzeptable Verpflichtungen und damit ein zusätzliches Entwicklungshemmnis aufoktroyieren.

Um der 3. Welt den unabdingbaren Nachholbedarf einzuräumen, müssen die hauptsächlichen Verursacher des Treibhauseffekts - die Industrieländer - mit

---

[2] Vgl. Krause et al. (1989). Die Abkürzung ppm steht für parts per million; sie gibt den Spurenstoffgehalt an, d.h. das Volumenmischungsverhältnis definiert als das Verhältnis der Moleküle eines Gases zur Gesamtzahl aller Moleküle.

weit drastischeren Schritten ihren verschwenderischen Energieeinsatz und die Freisetzung von CO_2 reduzieren. Krause/Bach halten z.B. den folgenden weltweiten Ausstiegspfad aus den fossilen Energieträgern für eine wie oben definierte Klimastabilisierungspolitik für notwendig:

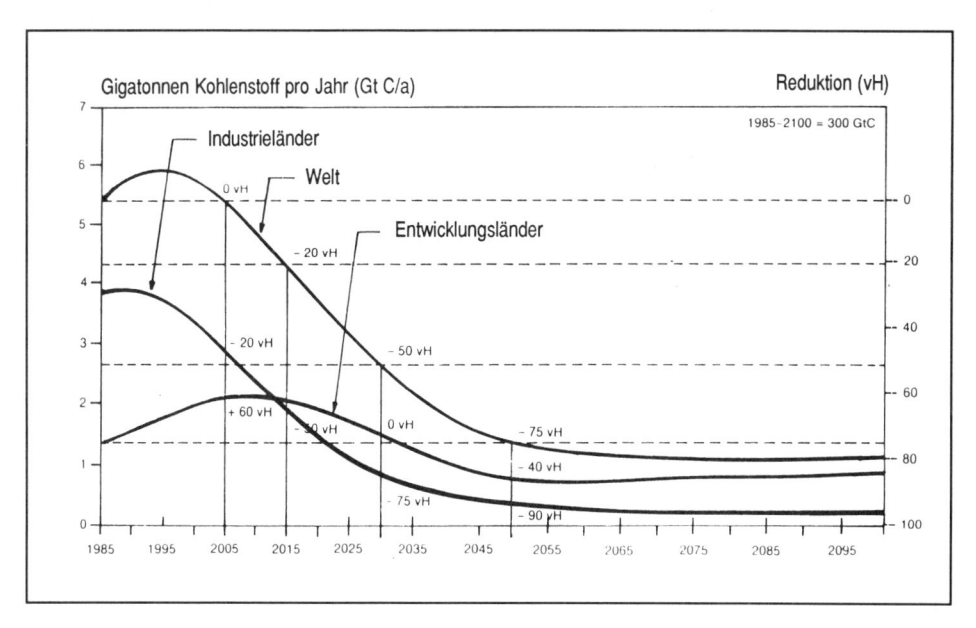

Abb. 1. Stabilisierung des Klimas, 1985-2100
Quelle: Krause et al. (1989)

2 Weltweite Handlungszwänge und -spielräume

2.1 Internationale Konvention zum Schutz der Erdatmosphäre

Die Begrenzung der anthropogenen Klimaänderungen ist - neben der Abrüstung - die wohl größte globale Herausforderung für die internationale Staatengemeinschaft, die nur im Rahmen einer "Internationalen Konvention zum Schutz der Erdatmophäre" schrittweise einer Lösung zugeführt werden kann; der Schutz der Erdatmosphäre muß dabei mit einer "Weltinnenpolitik" zur Sicherung einer dauerhaften (sustainable) Entwicklung und generell mit einer risikominimierenden Energiestrategie verbunden werden (vgl. Enquete-Kommission 1990, Hennicke u. Müller 1989).

Auf internationaler Ebene befaßt sich das "Intergovernmental Panel on Climate Change" (IPCC) mit weltweit möglichen Gegenmaßnahmen (vgl. IPCC 1990). Das

IPCC wurde vom Umweltprogramm der UN (UNEP) und der WMO (World Meteorological Organization) ins Leben gerufen. Im IPCC arbeiten Regierungsvertreter aller maßgeblich betroffenen Länder an der Formulierung einer "Rahmenkonvention zum Schutz der Erdatmosphäre"; bereits bis zur UN-Konferenz über Umwelt und Entwicklung (1992) soll diese Rahmenkonvention angenommen werden.

Dieser Zeitrahmen ist wegen der Dringlichkeit des Problems zurecht knapp bemessen. Der stratosphärische Ozonabbau bzw. globale Klimaveränderungen folgen mit einer Zeitverzögerung von mehreren Jahrzehnten auf die erhöhte Konzentration der Spurengase; schon jetzt haben die Altlasten aus früheren Emissionen (insbesondere die freigesetzten Mengen von FCKW und CO_2) ein bedrohliches Ausmaß angenommen: Es ist sehr wahrscheinlich, daß die stratosphärische Chlorkonzentration - selbst bei sofortigem Stopp des FCKW-Verbrauchs - mindestens noch 10 Jahre erheblich zunehmen und den lebensnotwendigen UV-Filter der Ozonschicht erheblich weiter zerstören wird (vgl. Enquete-Kommission 1990; Grieshammer et al. 1989); auch ein (hypothetischer) kurzfristiger Ausstieg aus sämtlichen fossilen Energieträgern würde einen zusätzlichen globalen Temperaturanstieg um mindestens 1°C gegenüber dem vorindustriellen Niveau wahrscheinlich nicht mehr verhindern können (vgl. Krause et al. 1989).

Die errechneten Ausstiegspfade (siehe oben) aus den fossilen Energieträgern dürfen nicht als fertiges Politikkonzept zur weltweiten Klimastabilisierung oder gar als starre Zielmarken für eine "Internationale Konvention zum Schutz der Erdatmosphäre" mißverstanden werden: Sie verdeutlichen die Größenordnung des weltweit zu lösenden Problems, die Dringlichkeit einer CO_2-Reduktionspolitik sowie die Notwendigkeit einer Vorreiterrolle der Industriestaaten.

Die konkreten CO_2-Reduktionspfade im Rahmen einer Klimastabilsierungspolitik werden einerseits wesentlich komplexer sein und andererseits auch - unbeschadet der Dringlichkeit umfassender und entschiedener Aktionen - eine Bandbreite möglicher Handlungsoptionen eröffnen.

Auf der Grundlage der vorliegenden IPCC-Szenarien sowie der für die Enquete-Kommission erstellten Szenarien sollen im folgenden einige Aspekte diskutiert werden, um einerseits die Bandbreite der möglichen Optionen abzuschätzen als auch andererseits einige restriktive Randbedingungen deutlicher zu machen:

(a) Je schneller der Ausstieg aus den FCKW gelingt, desto größer wird der Handlungsspielraum beim CO_2.

Die FCKW 11 und 12 haben neben ihrer ozonzerstörenden Wirkung ein um den Faktor 3500 bzw. 7300 höheres Treibhauspotential als CO_2 (bezogen jeweils auf ein Kilogramm und berechnet für einen Zeithorizont von 100 Jahren (vgl. IPPC 1990). Daher hängt der Zeitpfad und das Ausmaß einer klimastabilisierenden CO_2-Reduktionspolitik auch davon ab, wie schnell ein Verbot der FCKW weltweit umgesetzt werden kann. In den oben errechneten CO_2-Reduktionspfaden wurde bereits unterstellt, daß die Produktion aller FCKW bis zum Jahr 2000 eingestellt worden ist; nach der Londoner-Konferenz der Vertragsstaaten des "Montrealer Protokolls" im Juni 1990 ist die Realisierung dieses Ziels möglich geworden, weitergehende Forderungen z.B. der EG (Ausstieg bis 1997) sind jedoch noch nicht konsensfähig (BMU 1987).

Am schwierigsten erscheint derzeit eine drastische Reduktion bei Methan und N_2O, da ein wesentlicher Teil der Gesamtemissionen unmittelbar an die Welternährungsbasis gekoppelt ist. In den 5 IPCC- Szenarien wird für den Zeitraum 1985-2100 z.B. bei Methan eine Emissionsänderung zwischen + 97% bzw. - 7% zugrundegelegt; bei N_2O zwischen + 40% bzw.- 3%. Entsprechend schwankt z.B. der Beitrag von Methan zum Temperaturanstieg bis zum Jahr 2100 zwischen 0,4 und 0,1°C (bei einer Klimasensitivität von 4,5°C (Bach 1990)); wegen der längeren atmosphärischen Lebensdauer von N_2O (ca.150 Jahre) ergeben sich bei N_2O trotz unterschiedlicher Wachstumsannahmen bis zum Jahr 2100 noch kaum Auswirkungen.

(b) Eine massive Substitution der voll- durch teilhalogenierte FCKW führt zur Problemverlagerung

In allen 5 IPCC-Szenarien wird eine Zunahme der Emissionen von HFCKW-22 bis zum Jahr 2100 um mindestens den Faktor 30 unterstellt; dies würde bedeuten, daß für wesentliche Bereiche der Einsatzes von FCKW-11 und FCKW-12 das teilhalogenierte HFCKW-22 für das gesamte nächste Jahrhundert als Ersatzstoff verwendet werden kann. HFCKW-22 hat im Vergleich zu FCKW-11 ein um den Faktor 1/20 geringeres Ozonzerstörungspotential; das Treibhauspotential eines Kilogramms HFCKW-22 liegt jedoch um den Faktor 1500 höher als der eines Kilogramms von CO_2 (bezogen auf einen Zeithorizont von 100 Jahren); auf Grund der extremen Mengenausweitung zeigen Modellrechnungen eine nur dem HFCKW-22 zurechenbare Temperaturerhöhung von bis zu 0,2°C in 2100 (vgl. Bach 1990); eine derartige Problemverlagerung bei der Substitution der FCKW durch HFCKW-22 oder andere klimawirksame Ersatzstoffe ist nicht akzeptabel.

(c) Eine tatsächliche Klimastabilisierung findet erst in mehreren Jahrhunderten statt

Die Rückrechnung aus einer maximalen Obergrenze (zusätzlich 2°C bis zum Jahr 2100) auf die "erforderlichen" Reduktionspflichten für die Spurengase im Laufe des nächsten Jahrhunderts liefert - streng genommen - noch kein Konzept für eine tatsächliche Klimastabilisierung. Wegen der Trägheit des Klimasystems (die Verzögerung durch den Ozean wird z.B. mit 40-50 Jahren angenommen) und wegen der Spätfolgen des in die Umwelt eingebrachten "Wärmemülls" (W.Bach) werden nämlich die Temperaturen noch lange Zeit ansteigen: dies gilt auch dann, wenn bei den unterstellten Reduktionspfaden für die Spurengase der oben genannte Grenzwert bis zum Jahr 2100 nicht überschritten wird. Das Temperaturmaximum wird dann erst im Verlauf von weiteren 200 Jahren erreicht und kann -je nach Szenarioannahmen - den im Jahr 2100 erreichten Wert noch beträchtlich (um 10-60%) übersteigen (vgl. Bach 1990).

(d) Weitere Vernichtung oder Aufforstung von Wäldern?

Durch die Rodung von Wäldern (vor allem derzeit durch die Brandrodung des Regenwalds) wie auch durch die Umwandlung von Waldfläche in landwirtschaftliche Nutzflächen werden pro Jahr beträchtliche CO_2-Mengen emittiert; allerdings schwanken die Schätzungen zwischen 0,5 - 2,5 Mrd.t Kohlenstoff pro Jahr (zum Vergleich: 5,7 Mrd.t Kohlenstoff aus der Verbrennung fossiler Brennstoffe) bereits für die Vergangenheit beträchtlich. Noch schwieriger abzuschätzen ist, ob und wann eine Umkehr des Vernichtungstrends der Regenwälder gelingt. Wenn es - gemäß dem sogenannten Tropenwaldrettungsplan der Enquete-Kommission - gelänge, in einem Drei-Stufenplan die Brandrodung zu stoppen und schließlich durch Aufforstungsprogramme bis zum Jahr 2030 wieder den Umfang der Regenwaldbestände des Jahres 1990 zu erreichen, würden durch die weitere Vernichtung von etwa 3 Mio. qkm Primärwald zwischen 1990 - 2010 etwa 36,5 Mrd. Tonnen Kohlenstoff in die Atmosphäre freigesetzt; hiervon könnten durch die Aufforstung einer gleich großen Fläche von Sekundärwald nur etwa 50% bis zum Ende des Jahrhunderts wieder fixiert werden (vgl. Enquete-Kommission 1990).

(e) Bandbreite der zukünftigen Weltenergieszenarien

Obwohl durch den raschen weltweiten Verzicht auf FCKW und andere klimawirksame Ersatzstoffe, durch die möglichst weitgehende Eindämmung der Emissionen von Methan, N_2O und der Vorläufergase des troposphärischen Ozons (NO_x, VOC) sowie durch den Stop der Regenwald-Zerstörung und Aufforstungsprogramme der Handlungspielraum bei der CO_2-Minderung vergrößert wird, bleibt als Fazit bestehen: Eine drastische CO_2-Reduktion - mindestens 50% weltweit bis zum Jahr 2050 - ist mit großer Wahrscheinlichkeit notwendig.

Es stellt sich daher die Frage, ob dieses Ziel überhaupt noch im Rahmen der bisher vorgelegten Welt-Energieszenarien erreichbar ist. Um dies grob abschätzen zu können, gehen wir davon aus, daß - bei gleichbleibendem Energiemix wie im Jahr 1985 - der Einsatz fossiler Energieträger von 8,6 TW und die damit verbundenen Kohlenstoffemissionen von 5,2 Mrd.t (1985) auf die Hälfte bis zum Jahr 2050 reduziert werden müssen. Ein Vergleich mit den bis 1989 erstellten Welt-Energieszenarien führt zu einem ernüchternden Ergebnis: Nur das Effizienz-Szenario von Lovins et al. (mit weltweitem Ausstieg aus der Atomenergie (vgl. Lovins et al. 1983)) liegt deutlich unter der erforderlichen Reduktionsmenge von 2,6 Mrd.t Kohlenstoff: Die CO_2-Emissionen sinken nach diesem Szenario wegen der forcierten Effizienzsteigerung und der beschleunigten Markteinführung von erneuerbaren Energiequellen bis zum Jahr 2030 sogar auf 0,6 Mrd.t.

Alle anderen Weltenergieszenarien, auch das nutzungsorientierte Energieszenario von Goldemberg et al. (1988), liegen bisher über diesem Wert.[3] Dies gilt insbesondere für angebotsorientierte Szenarien, die zur Legitimation der weltweit vorherrschenden Energiepolitik dienen und die Weltenergieprobleme vergeblich aus der Verkäuferperspektive - durch großtechnische Ausweitung und immer aufwendigere Diversifizierung des Energieangebots - "zu lösen" versuchen.

Beispielhaft hierfür sind die IIASA-Szenarien von Häfele et al. (1981): Der Primärenergiebedarf wächst selbst nach dem seinerzeit als moderat eingeschätzten IIASA-Szenario (low) bis zum Jahr 2030 auf 22,4 TW; die Atomenergie steigt auf 5,17 TW (um das zehnfache gegenüber 1987) und die Regenerativen erhöhen sich auf 2,28 TW. 67% des Primärenergiebedarfs (7 TW) müßten dann immer noch fossil gedeckt werden - mit der Folge, daß die Kohlenstoff-Emissionen gegenüber 1985 auf fast das Doppelte (9,4 Mrd.t) anwachsen würden. Hieran wird deutlich, daß die IIASA-Szenarien (insbesondere das high-Szenario mit 35,6 TW, davon 8,1 TW Atomenergie in 2030) einen *risikokumulierenden Effekt* haben: Trotz eines exorbitanten Zuwachses der Atomenergie steigen in beiden Szenarien die Kohlenstoff-Emissionen dramatisch an (gegenüber 1985 auf das dreifache, d.h. 15,8 Mrd.t Kohlenstoff im high-Szenario).

Diese Aussage kann generalisiert werden: Buchstäblich in allen typischen angebotsorientierten Szenarien ergibt sich diese Risikokumulierung. Dies gilt auch für die Szenarien der Weltenergiekonferenz in Montreal: Auch hier wird bis zum Jahr 2020 trotz einer Steigerung der Atomenergiekapazität um mehr als das zwei- bis dreifache mit einer Zunahme der CO_2-Emissionen um 40-70% gerechnet (vgl. World Energy Conference 1989).

Die sich hieraus ergebende Schlußfolgerung ist eindeutig: Die verschwenderische Zunahme und die extreme Ungleichverteilung des Weltenergieverbrauchs (auf Industrie-und Entwicklungsländer), nicht die Diversifizierung des Energieangebots sind die zentralen Probleme einer klimaverträglichen Weltenergiestrategie.

Ohne eine forcierte Politik des Vorrangs für rationellere Energienutzung wachsen sowohl die Risiken einer Klimaveränderung als auch die des Atomenergiesystems (vergl.auch 4.6.)

2.2 Gegen den Weltmarkt steuern

Weit verbreitet ist die Einschätzung, daß durch eine weltweite Klimastabilisierungspolitik und die hierdurch reduzierte Nachfrage nach fossilen Energieträgern der Trend zu erneut steigenden Ölpreisen zumindest abgeschwächt, wenn nicht sogar umgekehrt werden könnte; die Preise für Erdgas dagegen, so wird

---

[3]Das Goldemberg-Szenario war seinerzeit nicht in Hinblick auf Klimaverträglichkeit optimiert worden; es hat den Nachweis erbracht, daß durch eine weltweite Politik mit Vorrang für rationelle Energienutzung eine rasche Steigerung des Lebensstandards in der 3.Welt bei etwa gleichbleibendem Weltenergieverbrauch möglich ist.

vermutet, werden überproportional steigen, weil Erdgas wegen seines relativ geringeren Kohlenstoffgehalts vorübergehend als Substitut für Kohle und Öl verwendet werden wird. Diese Argumentation beruht jedoch auf einer partialanalytischen ceteris paribus-Betrachtung, die den komplexen Interdependenzen einer Klimastabilisierungspolitik nicht gerecht wird. Unsere These lautet genau umgekehrt: Ohne erheblich steigende Primärenergiepreise wird es keine erfolgreiche Klimastabilisierungspolitik geben.

Hier können nur einige Aspekte andiskutiert werden, wie eine Klimastabilisierungpolitik sich auf den Weltmarktleitpreis für Öl sowie auf die Weltmarktpreise von Kohle und Erdgas auswirken könnte; folgende Punkte sind dabei von Bedeutung:

- Eine globale Reduzierung der nachgefragten Menge durch eine CO_2-Reduktionspolitik wirkt nur ceteris paribus in Richtung sinkender Ölpreise. Bei einer entsprechenden Mengenregulierung des Angebots können die Preise stagnieren oder ansteigen. Mengen und Umsätze auf den Energiemärkten müssen also unterschieden werden.

- In der Realität erscheint eine erfolgreiche Klimastabilisierungspolitik nur bei einer entsprechend abgestimmten Mengenregulierung im Einvernehmen mit den hauptsächlichen Weltmarktanbieter und bei steigenden Preisen politisch durchsetzbar. Dies betrifft sowohl die notwendige Kompensation der Eigentümerstaaten als auch die erforderliche pretiale Lenkungswirkung in den Verbraucherländern. Die OPEC würde z.B.niemals einer internationalen Konvention beitreten, die ihr zumutet, jedes Jahr weniger Öl zu sinkenden Preisen zu verkaufen.

Hieraus folgt:

(a) Eine weltweite Regulierung des Primärenergie-Angebots ist notwendig, damit der erforderliche Reduktionsfahrplan auch tatsächlich eingehalten wird. Um die Eigentümer-Staaten für diese Politik zu gewinnen, müssen die infolge sinkender Mengen ausfallenden Erlöse mindestens durch eine entsprechende Preiserhöhung ausgeglichen werden. Legt man z.B. als möglichen Ausstiegspfad eine Mengenreduktion für Öl um 85% bis zum Jahr 2100 zugrunde (vgl. Bach 1990), würde also die Reichweite des Öleinsatzes noch über das gesamte nächste Jahrhundert ausgedehnt, dann müßten die Ölpreise in diesem Zeitraum allein zur Stabilisierung der nominellen Umsätze durchschnittlich um 0.7% p.a. steigen.

(b) Während bisher der Ölpreis eine Leitpreisfunktion auf den Weltenergie-Märkten gespielt hat, an den insbesondere die Erdgaspreise auf allen Stufen durch Preisgleitklauseln "angelegt" wurden, könnte sich dies im Rahmen einer Klimastabilisierungspolitik ändern. Spielten die unterschiedliche Reichweite der Ressourcen und wirtschaftliche Faktoren keine Rolle, müßten -gemessen am Ausmaß der Klimagefährdung - zunächst die Braunkohle, dann die Steinkohle, dann das Erdöl und erst dann das Erdgas durch CO_2-freie oder weniger CO_2-haltige Brennstoffe ersetzt werden. Die zum Ölmarkt komplementäre Mengen-

und Preisregulierung für Erdgas und Steinkohle könnte dann wie folgt aussehen: Da Erdgas während der ersten Phase der Klimastabilisierungspolitik eher ausgeweitet werden muß - also als "Brücke" zur "Sonnenergie-Wirtschaft" an Bedeutung gewinnt - müßten die Preiserhöhungen relativ gering bleiben und daher vermutlich von der bisherigen Ölpreisbindung abgekoppelt werden; dagegen müßten die Kohlepreise überproportional steigen, um den Kohleabsatz stärker zu reduzieren.[4]

(c) Eine der schwierigsten Aufgaben ist daher die Regulierung eines international abgestimmten Reduktionsfahrplans zwischen den einzelnen fossilen Energieträgern, weil hiervon nicht nur die noch tolerablen Gesamtemissionen an CO_2 abhängen, sondern auch Eigentümerstaaten mit vollständig unterschiedlichem Entwicklungsniveau und widersprüchlicher Interessenlage betroffen sind. So zeigt z.B. die nachfolgende Tabelle 1, daß die wirtschaftlich gewinnbaren Vorräte für fossile Energieträger weltweit einerseits höchst ungleich verteilt sind; andererseits steht diese Verteilung bei einigen Ländern in krassem Gegensatz sowohl zu ihrer voraussichtlichen Bereitschaft als auch zu ihren ökonomischen Möglichkeiten, aus eigener Kraft auf die klimaunverträgliche Nutzung ihrer Ressourcen zu verzichten.

Die Tabelle zeigt, daß z.B. für China und Indien der Einsatz von Kohle als einzigem im Inland in größeren Mengen verfügbaren, heimischen Energieträger für die eigene Entwicklung unverzichtbar ist; dies wird nur beim Einsatz der effizientesten Kohletechniken keine katastrophalen Auswirkungen auf das Weltklima haben.

Es bietet sich an, daß inbesondere die reichen Kohle-Eigentümerstaaten wie die USA und die Bundesrepublik, aber auch die Sowjetunion bei der Erforschung und Entwicklung modernster Kohle-Heizkraftwerke (Wirbelschicht; GuD) sowie für den Technologietransfer in "Problem"-Länder eine Wegbereiterrolle einnehmen.

Ein freiwilliger Verzicht auf die eigene Nutzung oder den Export zumindest eines Teils ihrer Kohlereserven ist zudem nur bei entsprechenden Kompensationszahlungen an die Nur-Kohle-Eigentümerstaaten (z.B.auch Polen und Südafrika) vorstellbar.

Dies gilt in noch höherem Maße für die Länder des Nahen Ostens, die mehr als die Hälfte der Welt-Öl-Reserven bzw. mehr als ein Viertel der Welt-Erdgas-Reserven besitzen und hinsichtlich ihrer Entwicklung teilweise ausschließlich auf Öl- und Erdgasexporte angewiesen sind. Ohne eine Kompensation durch höhere Preise wird eine klimaverträgliche Reduzierung der Öl- und mittelfristig auch der Erdgasmengen kaum möglich sein.

---

[4] Da unverbrannt freigesetztes Erdgas (wegen des hohen Methangehalts) selbst treibhauswirksam ist, gilt dies nur, wenn auf allen Stufen der Erdgaswirtschaft (insbesondere auch bei der Gewinnung, beim Ferntransport und bei der Verteilung) Leckagen vermieden werden können.

Tabelle 1: CO_2-Emissionen und Vorräte fossiler Energieträger nach Emittenten- und Eigentümerstaaten

	Kohlenstoff-Emissionen (1986)		Wirtschaftlich gewinnbare Vorräte (1986)					
			Kohle		Öl		Erdgas	
	Platz[1]	in Mio. t	Mrd. t SKE	in %[2]	Mrd. t	in %[2]	1000 Mrd. m³	in %[2]
USA	1	1201,6	225,7	28,8	3,3	3,1	5,3	5,1
UdSSR	2	1010,8	172,3	22,0	10,6	9,8	43,9	42,7
China	3	554,4	100,5	12,8	2,5	2,3	0,9	0,8
Japan	4	256,1	1,0	0,1	-	-	-	-
BRD	5	186,3	43,5	4,4	0,3	0,3	0,2	0,2
Indien	7	144,3	21,9	2,8	0,6	0,5	0,5	0,5
Polen	8	124,5	32,6	4,2	-		0,1	0,1
DDR	12	92,3	6,3	0,8	-		-	
Südafrika	13	92,5	58,4	7,5	-		-	
CFSR	15	65,8	4,4	0,6	-		-	
Naher Osten			1,7	0,2	55,8	51,6	26,2	25,6
Insgesamt		5375,0	782,3	100,0	108,1	100,0	102,8	100,0

[1]Rangfolge gemessen am Anteil der jeweiligen Kohlenstoffemissionen aus der Verbrennung fossiler Energieträger an den Gesamtemissionen
[2]Anteil an den jeweiligen wirtschaftlich gewinnbaren Vorräten in der Welt

Quelle: Weltenergiekonferenz; Oil and Gas Journal; Edmonds/Barns 1990.

(d) Wenn die Weltmarktpreise der international gehandelten Primärenergieträger nur um den Prozentsatz der erforderlichen jährlichen Mengenreduzierung angehoben würden, könnten zwar die Erlöse der jeweiligen Eigentümerstaaten stabilisiert werden, aber der Anreiz und die Steuerungswirkung für Energiesparmaßnahmen sowie für die Markteinführung der Regenerativen wäre noch weit zu gering. Eine erste globale, wenn auch noch sehr grobe Computersimulation kommt z.B. zu dem Ergebnis, daß für eine *ausschließlich pretial gesteuerte Reduktion* der CO_2-Emissionen um 50% bis zum Jahr 2025 ein beträchtlicher CO_2-Steueraufschlag für Endverbraucher, für EVU und für Produzenten notwendig ist, der bis 2025 auf folgende Höhe ansteigen müßte (vgl. Edmonds et al. 1990):

- flüssige Brennstoffe 1,73 US $/GJ
- Erdgas 1,20 US $/GJ
- Kohle 2,10 US $/GJ

(Zum Vergleich: Der Ölpreis steigt im Referenzszenario ohne Steuer von 2 US $/GJ bis 2025 etwa auf das Doppelte.)

Bei dieser Methode der Steuererhebung auf die Produzenten, auf EVU und auf die Endverbraucher ergibt sich einerseits eine Kumulierung der Steuerwirkung; andererseits wird den Interessen von Eigentümer-und Verbraucherstaaten von Anfang an durch eine formale Gleichverteilung der Steuererlöse Rechnung getragen. Ob die Eigentümerstaaten damit zufrieden sein werden, bleibt allerdings offen.

Die Frage stellt sich weiterhin, ob mit diesen Steueraufschlägen eine ausreichende Internalisierung der sogenannten externen Kosten gewährleistet wäre. Wenn die Verbraucherstaaten eine Internalisierung mit einer zusätzlichen Energieabgabe vornehmen wollen, geben sie damit der OPEC ein weiteres Signal, daß sie ihren Preiserhöhungsspielraum noch nicht ausgeschöpft hat. Es stellt sich also generell die politisch brisante Frage nach der Verteilung der absoluten Rente und der Diffenrentialrenten aus dem Energieträgerverkauf auf die Eigentümer- und Verbraucherstaaten.

Vollständig ungeklärt ist schließlich, wie die Interessen der Länder der 3. Welt *ohne eigene Energieressourcen* berücksichtigt werden könnten. Diese Länder wären die eigentlichen Opfer einer zur Klimstabilisierung unabdingbar notwendigen Preiserhöhungspolitik für fossile Energieträger und ihre Lage würde sich ohne ein konzertiertes internationales Hilfsprogramm (z.B. zur Nutzung erneuerbarer Energiequellen, die in den meisten Ländern grundsätzlich im Überfluß "verfügbar" sind) dramatisch zuspitzen. Es wird sich daher als notwendig erweisen, zumindest einen Teil der Erlöse aus der weltweit regulierten Preisanpassung für fossile Energieträger zweckgebunden zur Finanzierung eines Technologietransfers für die 3. Welt oder zumindest für die Ärmsten der Armen zu verwenden. Aber wer setzt dies durch und wer kontrolliert die Verwendung?

Mithin läßt sich zusammenfassen: Es wird für eine CO_2-Minderungspolitik nicht ausreichen, auf jeweils nationaler Ebene durch die sogenannte Internalisierung der externen Kosten "gegen den Weltmarkt (zu) steuern" (siehe 4.3.): Die Regulierung des Weltmarkts für die fossilen Energieträger steht selbst auf der Tagesordnung. Notwendig ist nicht nur eine internationale Konvention zur Festlegung der Reduktionspflichten beim Einsatz fossiler Energieträger (also die Regulierung der Nachfrage), sondern auch eine weltweite, globale Regulierung des Energieangebots und eine Kompensationslösung zugunsten der Eigentümer-Länder. Hierbei allein auf die Selbststeuerungsfähigkeit des "Markts" zu vertrauen, wäre mit Sicherheit eine Illusion.

3 Eine Vorreiterrolle der Bundesrepublik ist möglich

Um die drohende globale umwelt-, energie- und wirtschaftspolitische Krise abzuwenden, müssen auch in der Bundesrepublik bereits 1990/91 die Eckpunkte eines Klimastabilisierungskonzepts entwickelt werden. Die entscheidende Weichenstellung in Richtung auf eine energieeffiziente Gesellschaft muß in der nächsten Legislaturperiode erfolgen. Die Frage lautet: Welchen beispielhaften Beitrag kann und muß die Bundesrepublik im Rahmen einer globalen Strategie zur Eindämmung des Treibhauseffekts leisten?

Die Bundesrepublik nimmt in der Rangfolge der länderspezifischen CO_2-Emissionen aus fossilen Energieträgern weltweit den fünften Platz ein. Da der Anteil der Bundesrepublik jedoch nur 3,5% beträgt, kann durch eine Vorreiterrolle der Bundesrepublik in quantitativer Hinsicht nur ein begrenzter Beitrag zur Klimastabilsierung geleistet werden; der gesamtdeutsche Anteil (incl. DDR) beträgt 5,2%. Bei dieser quantitativen Betrachtung wird aber verkannt, daß der qualitative Aspekt einer Vorreiterrolle der Bundesrepublik der entscheidende ist:

- Erstens ist das Zustandekommen einer wirksamen internationalen Konvention ohne engagierte Vorreiterrollen einiger führender Industriestaaten überhaupt nur schwer vorstellbar.

- Zweitens ist die Haltung der Bundesrepublik dafür mitentscheidend, welche Rolle die EG bei einer internationalen Politik der Klimastabilisierung spielen wird.

- Drittens steigt nicht nur die Glaubwürdigkeit und das moralische Gewicht eines Landes durch eine Vorreiterpolitik, sondern auch seine ökonomische Potenz zur Entwicklung und Markteinführung einer zukunftsfähigen klima- und umweltverträglichen Technologiebasis nimmt zu.

- Viertens sind insbesondere auch die Länder der 3. Welt z.B. bei der Einführung angepaßter dezentraler Technologien der Kraft-Wärme-Koppelung und der Solarenergienutzung (z.B.Photovoltaik) zumindest vorrübergehend auf den Technologie- und Wissenstransfer aus solchen Vorreiterstaaten angewiesen.

Im folgenden soll zunächst gezeigt werden, daß eine nur halbherzige Wende in der Energiepolitik in der Bundesrepublik keinen ausreichenden Beitrag zur Klimastabilsierung und zur Ausschöpfung der vorhandenen großen technischen CO_2-Minerungspotentiale leisten kann.

3.1 Was geschieht, wenn zu wenig geschieht?

Die Bundesregierung hat im Juni 1990 beschlossen, eine interministerielle Arbeitsgruppe einzusetzen, ".. die sich bei der Erarbeitung von Vorschlägen an einer 25%igen Reduzierung der CO_2-Emissionen in der Bundesrepublik Deutschland bis zum Jahr 2005 - bezogen auf das Emissionsvolumen des Jahres 1987 - orientiert und Möglichkeiten einer Minderung weiterer energiebedingter Treibhausgase prüft... Die Bundesregierung wird ein Konzept zur Ausschöpfung des nationalen CO_2-Minderungspotentials erarbeiten. Sie wird bei der Realisierung der CO_2-Reduktion die internationale Abstimmung und Auswirkungen auf volkswirtschaftliche Ziele, wie z.B. Beschäftigung, Preisniveaustabilität, wirtschaftliches Wachstum, außenwirtschaftliches Gleichgewicht und die Sicherheit der Energieversorgung, beachten".(BMU 1990:5).

Damit hat die Bundesrepublik -im Gegensatz zur bisher hinhaltenden Politik der USA, der UdSSR und von Japan - die wohl umfassendste CO_2-Minderungspolitik für ein großes Industrieland *angekündigt*. Allerdings handelt es sich dabei nicht um einen Beschluß zur Durchführung, weil der Vollzug dieser CO_2-Minderungspolitik an eine Reihe von nationalen und internationalen Bedingungen (s.o.) geknüpft wird.

Der Kabinettsbeschluß ist durch die Arbeit der Enquete-Kommission maßgeblich beeinflußt worden und basiert in seiner Begründung auf den Ergebnissen des im Auftrag der EK durchgeführten Studienprogramms. Allerdings gehen die Empfehlungen der EK über den 25%-Beschluß der Bundesregierung deutlich hinaus. Die Enquete-Kommission hat für die Bundesrepublik den folgenden CO_2-Reduktionsplan vorschlagen (Basisjahr 1987 = 705 Mio. t CO_2; ohne nichtenergetischen Verbrauch (vgl. Schmidbauer 1990)):

- bis 2005 30% (minus 210 Mio. t CO_2),
- bis 2020 50% (minus 350 Mio. t CO_2),
- bis 2050 80% (minus 560 Mio. t CO_2).

Diese Zielmarken sind ohne eine grundlegend neue Energiepolitik nicht erreichbar:

Die Prognos AG hat 1987 ein "Referenz-Szenario" für den Energie-und Verkehrssektor in der Bundesrepublik vorgelegt (vgl. Prognos AG 1987). Neben der Übernahme typischer volkswirtschaftlicher Rahmendaten wurde die Entwicklung des Energieverbrauchs unter der Annahme unveränderter Energiepolitik und bei einem weiteren Ausbau der Atomenergie prognostiziert. Nach diesem "Referenz-Szenario" würden die CO_2-Emissionen - trotz eines weiteren Ausbaus der Atomenergie auf rd. 28,8 GW (2005 bzw. 32,2 GW in 2020) - noch um fast 40 Mio. t bis zum Jahr 2005 ansteigen. Das Szenario bestätigt daher erneut den *risikokumulierenden Effekt angebotsorientierter Szenarien* (siehe oben).

Die weiter sinkende gesellschaftliche Akzeptanz für eine rein angebotsorientierte Energiepolitik hat sicherlich dazu beigetragen, daß 1989 eine vom BMWi in Auftrag gegebene Energieprognose mit neuen energiepolitischen Akzenten veröffentlicht wurde (vgl. ISI u. Prognos AG 1989:15). Diese Studie versucht erstmalig eine Prognose des zukünftigen Energieverbrauchs unter "Annahmen über energiepolitische Rahmenbedingungen, die grundsätzlich eine rationale

Energienutzung fördern. Es werden neben (einer) Energiesteuer eine Reihe von energiepolitischen Maßnahmen unterstellt, die versuchen, heutige Hemmnisse rationeller Energienutzung zu vermindern." (Vgl. ISI u. Prognos AG 1989:15).

Zwar sinkt der Primärenergieverbrauch bis zum Jahr 2005/2010 nach dieser Prognose; auch die Kraftwerkskapazität geht - bei etwa konstanter Atomenergieerzeugung - leicht zurück. Infolgedessen (und wegen einer verstärkten Substitution von Kohle durch Erdgas sowie wegen mehr (Atom-) Stromimporten sinken auch die CO_2-Emissionen bis zum Jahr 2005 ("Status-Quo-Projektion"); in einer "Sensitivitätsrechnung" wird eine mögliche weitere CO_2-Reduktion bis 2005 unter folgenden Annahmen prognostiziert: "Die Sensitivitätsannahme geht von der Prämisse aus, daß sich bis 2010 eine reale Erhöhung (des Ölpreises statt 25 $/b, A.d.V.) auf 35 $/b durchsetzen wird. Für die Energiesteuer wird bis zum Jahr 2010 nicht mit einem Hebesatz von 20%, sondern von 40% gerechnet. Zur Energiepolitik setzt die Sensitivitätsanalyse die Prämisse, daß hier alle bisherigen Rahmensetzungen dahingehend überprüft werden, ob sie im Sinne einer Belebung des Energiesparanreizes wirken und daß sie im gegebenen Fall diese Belebung in Gang setzt." (Vgl. ISI u. Prognos AG 1989:35)

Die ISI/Prognos-Prognose kann somit als die erste quasi offizielle Modellsimulation über die Auswirkungen einer vorwiegend über den Markt und höhere Energiepreise gesteuerten CO_2-Reduktionspolitik gelten. Ihr Ergebnis müßte - gemessen an den Anforderungen einer klimastabilisierenden CO_2-Reduktionspolitik - für einen auf rein "marktwirtschaftliche" Steuerung setzenden Energiepolitiker ernüchternd wirken: Die "Status-Quo-Projektion" erbringt - bei einer von 5% (1995) auf 20% (2010) ansteigenden Energiesteuer eine CO_2-Minderung gegenüber 1987 von nur 7% bis 2010. Obwohl in der "Sensitivitätsrechnung" das Ölpreisniveau (real incl. Steuer) bis zum Jahr 2010 um 60% über dem der "Status-Quo-Projektion" liegt, können die CO_2-Emissionen nur um wei- tere 10% gesenkt werden - eine für die Bundesrepublik bei weitem nicht ausreichende CO_2-Reduktion.

3.2 Eine drastische CO_2-Reduktion in der BRD ist technisch möglich

Im folgenden sollen einige Teilergebnisse aus dem Studienprogramm der Enquete-Kommission (EK) zu den CO_2-Reduktionspotentialen in der Bundesrepublik zusammengefaßt werden. Dabei wurde eine noch aktivere Energiepolitik als bei der zitierten ISI/ Prognos-Studie unterstellt. Die ermittelten CO_2-Reduktionspotentiale liegen zwar erheblich über denen der ISI/Prognos-Studie, aber noch deutlich unter dem, was andere - mehr ökologisch orientierte Studien - für möglich halten:[5]

---

[5] Vgl.Fritsche u. Kohler 1990; Fritsche et al. 1988; Nitsch u. Luther 1990 ; Enquete-Kommission "Technikfolgen-Abschätzung und Bewertung" 1989; Kohler et al. 1987.

(a) Die Kommission ist einvernehmlich der Auffassung, daß das CO_2-Reduktionsziel (30% bis zum Jahr 2005) durch eine "Laissez-faire-Politik" nicht erreicht werden kann. Ein aktives Umsteuern mithilfe eines Bündels energiepolitischer Maßnahmen und Instrumente ist in jedem Fall notwendig.

(b) Zur Realisierung des CO_2-Reduktionsziels von 30% bis zum Jahr 2005 besteht theoretisch eine große Bandbreite von technischen Möglichkeiten. Dieses Ziel kann nach dem vorliegenden Studienprogramm in technischer Hinsicht

- bei konstanter AKW-Kapazität,
- beim Ausbau der AKW-Kapazität,
- bei kurzfristigen (1995) bzw. mittelfristigen (2005) Ausstieg

erreicht werden.

Erstmalig wird damit offiziell bestätigt, daß der Ausstieg aus der Atomenergie zumindest mit der erforderlichen CO_2-Minderung verträglich ist. Kontrovers bleibt, ob durch den Atom-Ausstieg eine CO_2-Reduktionspolitik eher gefördert oder eher erschwert wird. Hierauf wird im Punkt 4.6 genauer eingegangen.

(c) Unter allen denkbaren CO_2-Minderungsmaßnahmen räumt die Kommission einvernehmlich Maßnahmen zur Verbesserung der Energieeffizienz, zur rationelleren Energienutzung und -umwandlung, zur Energieeinsparung sowie zum Ausbau der Nutzung erneuerbarer Energien Priorität ein: "Insgesamt kommt die Kommission zu dem Ergebnis, daß ein CO_2-Reduktionspotential von mindestens 20% (addierbar zu anderen Potentialen) bis zum Jahr 2005 allein durch die Erhöhung der Energieeffizienz, rationeller Energieverwendung und energiebewußtes Verhalten erreicht werden kann" (Enquete-Kommission 1990:E14).

Das in den Einzelstudien ermittelte technische Einsparpotential durch rationellere Energienutzung (in % bezogen auf den Energieverbrauch von 1987) wird wie folgt angegeben:

- im Gebäudebestand 70-90%,
- bei Neubauten 70-80%,
- bei Haushaltsgeräten 30-70%,
- bei PKW und Flugzeugen 50-60%,
- im Kleinverbrauch 40-70%.

Das Gesamteinsparpotential beträgt, bezogen auf den Primärenergieverbrauch von 1987, 35-44%. Obwohl diese Angaben sich nur auf das Gebiet der alten Bundesländer beziehen, kann mit Sicherheit davon ausgegangen werden, daß die Einsparpotentiale in den neuen Bundesländern noch über den genannten Werten liegen; ein Indiz hierfür ist, daß der Pro-Kopf-Verbrauch in der ehemaligen DDR sowohl bei Primärenergie als auch insbesondere bei Strom jeweils etwa 30% bzw. 14% über dem der Bundesrepublik liegt (vgl. Enquete-Kommission 1990).

(d) Nach den Studien der Kommission liegt das mittelfristige technische CO_2-Minderungspotential durch den Einsatz regenerativer Energiequellen in der folgenden Größenordnung:

- 1/3 der Niedertemperaturwärme (1300-1600 PJ/a)
- 1/3 der Nettostromerzeugung (420-470 PJ/a)

jeweils im Vergleich zu 1987.

Dies bedeutet, daß in technischer Hinsicht 20-27% der CO_2-Emissionen von 1987 bereits durch den Einsatz regenerativer Energiequellen substituiert werden können. Bis zum Jahr 2005 sind bei entsprechend angehobenem Energiepreisniveau etwa 7-10% der CO_2-Emissionen durch Regenerative substituierbar.

Die Szenariorechnung von Nitsch/Luther (1990) hat darüberhinaus gezeigt, daß langfristig (bis zum Jahr 2050) - nach der technisch möglichen Absenkung des Primärenergieverbrauchs auf rd. 270 Mio. t SKE - bei nur noch geringem Wachstum des BSP (1,5% bis 2000; danach 0,7% p.a.) und nach Ausstieg aus der Atomenergie die Bundesrepublik vorrangig (zu 75%) mit regenerativen Energiequellen versorgt werden könnte. Damit ist gleichzeitig bewiesen, daß der Umbau zu einer risikominimierenden Sonnenenergie-Wirtschaft ohne Atomenergie und die erforderliche CO_2- Minderung (80% bis zum Jahr 2050) in der Bundesrepublik langfristig technisch möglich sind.

(e) Die Studien der Enquete-Kommission gehen ferner davon aus, daß die Kapazität der Kraft-Wärme-Koppelung und der Nah- und Fernwärmeauskoppelung in der Industrie, in den Kommunen und bei der Bio-, Deponiegas- und Klärgasnutzung in der Bundesrepublik von einer Stromerzeugungskapazität von
- 16,5 GW im Jahr 1987 auf
- 42 GW bis 2005
angehoben werden kann.

(f) Der Verkehr weist insbesondere wegen des Vorrangs für den motorisierten Individualverkehr mit 18% den geringsten Nutzungsgrad der Endenergie auf und ist mit ca. 23% (1987) an den energierelevanten CO_2-Emissionen beteiligt; wegen der immer noch steigenden Motorisierung und Verkehrsleistung muß unter status-quo-Bedingungen mit einer CO_2-Steigerung von 21 - 28% bis zum Jahr 2005 gerechnet werden (vgl. DIW et al. 1990). Eine Trendumkehr ist mit technischen Maßnahmen allein nicht machbar, sondern verlangt auch drastische verkehrspolitische Maßnahmen (z.B. Übergang zu kleineren und sparsamen Fahrzeugen durch Vorschriften über die Flottenverbräuche, Anhebung der Mineralölsteuer, progressive KfZ-Steuer nach den CO_2-Emissionen, Einführung von Straßenbenutzungsabgaben,Tempolimit, quantitativer und qualitativer Ausbau des Bahnverkehrs und des ÖPNV, Förderung des nichtmotorisierten Verkehrs, verkehrsberuhigende Flächennutzungs- und Siedlungspolitik). Beim Einsatz eines umfassenden Instrumentenmix hält die genannte Studie gegenüber dem Basisjahr 1987 eine CO_2-Reduktion von 9 - 13% bis zum Jahr 2005 bzw. von rd. 40% (ohne Übergang auf regenerative Treibstoffe) bis zum Jahr 2050 für möglich.

(g) Die Kommission hat noch keine abschließende und detaillierte Analyse der volkswirtschaftlichen Kosten einer CO_2-Minderungspolitik vornehmen können. Allerdings liegen im Rahmen des Studienprogramms der Kommission erste Grobabschätzungen mit folgenden Ergebnissen vor:

- Die untersuchten Strategien zur CO_2-Reduktion sind bei entsprechend steigenden Energiepreisen finanzierbar und wahrscheinlich ohne gravierende volkswirtschaftliche Nachteile auch bei einer Vorreiterrolle der Bundesrepublik realisierbar.

- Bei der Umsetzung der Potentiale rationellerer Energienutzung und bei der forcierten Einführung von Kraft-Wärme-Koppelung spricht viel dafür, daß volkswirtschaftliche Nettogewinne erzielt werden können; d.h. die Investitionskosten werden durch Einsparungen von Energiekosten überkompensiert.

Dies gilt unter günstigen Randbedingungen (Anstieg der Energiepreise) auch für kleinere und mittlere Windkraftanlagen, Wasserkraftanlagen, Bio-, Deponie- und Klärgasanlagen sowie für solare Niedertemperaturanlagen.

Werden die Gesamtinvestitionskosten für die einzelnen Strategien zur CO_2-Reduktion bis 2005 aufaddiert und mit den Energiekosteneinsparungen saldiert, dann ergeben sich netto die folgenden Pro-Kopf-Investitionen pro Jahr:

- Bei der Strategie mit konstanter AKW-Kapazität 100 DM pro Kopf bis zum Jahr 2005 (2,7 Mrd.DM pro Jahr).

- Bei der Strategie mit Ausstieg aus der Atomenergie 156 DM pro Kopf bis zum Jahr 2005 (9,4 Mrd.DM pro Jahr).

Angesichts der gleichzeitig stattfindenden Steigerung des Bruttoinlandprodukts pro Kopf von rd. 33000 DM (1987) auf rd. 50000 DM (2005) und angesichts der unermeßlichen Risiken und volkswirtschaftlichen Schäden eines Verzichts auf eine Klimastabilisierungspolitik bedeutet dies ein vernachlässigenswert geringer Betrag.[6]

---

[6]Auf die Würdigung des von Prof. Voss kreierten Atomausbau-Szenarios wird hier verzichtet; es geht u.a. von folgendem Ausbauprogramm bis zum Jahr 2005 aus: 30 HTR-Doppelblockanlagen und eine nukleare Fernwärme-Auskopplung von 12 GW th; installierte AKW-Leistung 36,6 GW el = 254 TWh = 60% Anteil an Stromerzeugung. Vor allem die lobbyistische Wirtschaftlichkeitsrechnung für dieses Szenario erregte in der Fachwelt nur noch Schmunzeln: Wären diese Anlagen so wirtschaftlich, wie sie Prof. Voss hingerechnet hat, wären alle Kraftwerksbetreiber in der Welt Dummköpfe, weil sie immer noch zögern zuzugreifen: Die Stromerzeugungskosten aus neuen LWR bzw. neuen HTR liegen nach Prof. Voss deutlich unter 10 Pf/kWh! Aber auch die technische Machbarkeit dieses Szenarios (z.B. Probleme mit Herstellerkapazitäten, Standorten, Integration in den Strom- und Wärmeverbund) ist äußerst zweifelhaft; umsetzbar wäre es ohnehin nur unter diktatorischen Bedingungen.

In der Bundesrepublik besteht demnach relativ kurzfristig (bis 2005) ein technisches CO_2-Minderungspotential von rd. 210 Mio. t CO_2 (rd. 30% gegenüber 1987), das bei entsprechender Politik auch umgesetzt werden kann. Auch die Realisierung der Zielmarken für die Jahre 2020 (50%) und 2050 (80%) erscheint in der Bundesrepublik technisch machbar.

4 Die Umsetzung einer Klimastabilisierungspolitik

Die erfolgreiche Umsetzung einer Klimastabilisierungspolitik ist jedoch ohne einen "Umbau" zumindest des Energie-und Verkehrssystems nicht möglich. Ob überhaupt und wie ein derartiger "Umbau" innerhalb einer profit- und marktgesteuerten Ökonomie erreicht werden kann, ist bisher nirgendwo systematisch untersucht worden.

Die Hemmnisse, die einer Klimaschutzpolitik in der Bundesrepublik gegenüberstehen, sind im wesentlichen nicht technischer, sondern struktureller, institutioneller und rechtlicher Art. Einige Maßnahmen zum Abbau der in der folgenden Übersicht zusammengefaßten Hemmnisse im Energiesektor sollen im weiteren diskutiert werden.

Vor allem muß auch die Grundsatzdebatte über eine adäquate Reform und Ordnung der Energiepolitik im Lichte einer Klimastabilisierungspolitik weitergeführt und zu einem raschen Ergebnis gebracht werden. Insbesondere das Reformkonzept "Rekommunalisierung und Demokratisierung der Energiewirtschaft" (vgl. Hennicke et al. 1985; Deutscher Bundestag 1990a) bekommt hierdurch neue Aktualität:

Zum einen hat sich in der Zwischenzeit gezeigt, daß die Rekommunalisierung eine energiepolitische Leitidee mit großer Ausstrahlungskraft auf die Kommunen ist (vgl. WIBERA 1988; Leonhardt et al. 1989). Das Auslaufen und die Neugestaltung von Konzessionsverträgen ist häufig der unmittelbare Anlaß für eine lebhafte Diskussion über die Möglichkeiten einer rationelleren Energienutzung "vor Ort". Fast 30% der 846 von der WIBERA befragten Gemeinden planen z.B. die Übernahme von Netzen und Anlagen der Elektrizitätsversorgung in ihrem Gemeindegebiet (vgl. WIBERA 1988).

Zum anderen sind zwar in vielen kommunalen Energiekonzepten, bei zahlreichen EVU und auch in Energieprogrammen und -gesetzen der Länder wichtige innovative Anstöße erfolgt. Kommunale CO_2-Reduktionskonzepte werden jetzt in vielen Kommunen und von kommunalen EVU z.B. in Bremen (vgl. Bremer Energiebeirat 1989; Hennicke u. Spitzley 1990) und Saarbrücken in Angriff genommen. Aber ein grundsätzlicher Mangel der bisherigen Reformanstöße zeigt sich heute in aller Schärfe: Sie bewirkten nur marginale Änderungen, quasi an den Rändern des etablierten Energiesystems; die notwendige grundsätzliche Richtungsänderung ("Wende") in der Energiepolitik und eine Reform von Struktur und Recht der Energiewirtschaft fanden bisher nicht statt.

Überwindung der Hemmnisse für eine CO_2-Reduktionspolitik

Geflecht von Hemmnissen verlangt Instrumentenmix

- Internalisierung externer Kosten durch Energieabgabe notwendig, aber bei weitem nicht hinreichend.
- Zielgruppen- und sektorspezifische Maßnahmebündel.
- Kommunale CO_2-Reduktionskonzepte.

Innovations- und Investitionsblockade

- Ausstieg aus der Atomenergie.
- Richtungsentscheidung für Energieeffizienz und regenerative Energiequellen.

Überkapazitäten und strukturelle Marktbarrieren

- Dezentralisierung und Dekonzentration als Bedingung für "mehr Wettbewerb" durch Newcomer (KWK, Regenerative, NEGAWatts).
- Rekommunalisierung und Demokratisierung.

Fehlende ökologische Regulierung

- Nicht kWh, sondern EDL "so billig wie möglich".
- Änderung des Energiewirtschaft-Gesetzes.
- "Least-Cost-Planning".

Energie-"Versorgung" als Geschäft

- "NEGAWatt statt MEGAWatt".
- Wandel von EVU zu EDU.
- Entkoppelung Energieumsatz-Gewinn.
- Entkoppelung Energieumsätze-Staatseinnahmen.

4.1 Zwei mögliche ordnungspolitische Wege bei der Umsetzung

Die Dringlichkeit einer Klimastabilisierungspolitik macht es notwendig, den Zeitrahmen und die Eingriffstiefe einer Umsetzungsstrategie für einen ökologischen Umbau der Energiewirtschaft genauer zu diskutieren. Hierfür werden als

Alternative zum bestehenden Ordnungsrahmen der leitungsgebundenen Energiewirtschaft zwei neue ordnungspolitische Konzepte vorgeschlagen:

(a) Der eine Weg ist der langwierige Prozeß einer strukturkonformen Regulierung der Energiewirtschaft ohne direkte ordnungspolitische Eingriffe in die bestehende Eigentums- und Versorgungsstruktur der EVU und in deren Investitions- und Unternehmensautonomie. Für diesen Weg ist die Ablösung des Energiewirtschaftsgesetzes (EnWG) durch ein "Energiespargesetz" notwendig, das vor allem eine vollständig neue Zielsetzung (orientiert am Konzept der Energiedienstleistung) sowie eine umfassende Prüfkompetenz und gestärkte Umsetzungsautorität der staatlichen Energiefachaufsicht regeln müßte. Zusätzlich müßte das veraltete "Energieeinsparungsgesetz" (EnEG von 1976) und die hierauf aufbauenden Verordnungen im Sinne einer forcierten Energieeinsparpolitik verschärft werden. In diese Richtung geht der vorliegende Gesetzentwurf der SPD für ein neues "Energiegesetz" (vgl. Deutscher Bundestag 1990b). Inwieweit dieser langwierige Weg tatsächlich einen Umbau der Energiewirtschaft bewirkt und dem begrenzten Zeitrahmen einer CO_2-Reduktionspolitik entspricht, wäre zu untersuchen.

(b) Ein direkterer Weg führt über eine Verstaatlichung und anschließende Entflechtung, Dekonzentration und weitgehende Kommunalisierung der großen Monopole der leitungsgebundenen Energiewirtschaft; günstige Voraussetzungen hierfür bestünden bei einer entsprechenden Neuordnung der Energiewirtschaft in den neuen Bundesländern. Dieser Weg setzt vor allem eine handlungsfähige Regierungsmehrheit und politische Entschlossenheit voraus. Das EnWG müßte durch ein "Energiespar- und -strukturgesetz" abgelöst werden, das zusätzlich zu den unter (a) genannten Eckpunkten die Neuordnung der Eigentumsverhältnisse und deren Übergang auf die neuen (vor allem kommunalen) Eigentümer regelt. In diese Richtung geht eine von der Bundestagsfraktion DIE GRÜNEN vorgelegte Aktualisierung ihres Rekommunalisierungsantrages vom 6.2.1986 (vgl. Deutscher Bundestag 1990a). Ob und wie die zu erwartenden politischen Widerstände gegen eine solche Strukturreform überwunden werden können, wäre zu diskutieren.

Natürlich sind zwischen den oben beschriebenen idealtypischen Wegen Zwischenformen und ein stufenweiser Umsetzungsprozeß möglich. Entscheidend ist letztlich, welcher Zeitrahmen für die Eindämmung der sich kumulierenden Risiken und Krisen des Energiesystems als noch akzeptabel angesehen wird und wie entschlossen die Politik ihr Primat gegenüber der Ökonomie durchzusetzen gewillt ist.

4.2 Das Finanzierungsproblem

Beide ordnungspolitische Wege können und müssen - auch zum Abbau der bestehenden Innovationsblockade (siehe unten) - mit einem durch ein besonderes Gesetz zu regelnden Ausstieg aus der Atomenergie verbunden werden. Für die Finanzierung des Umbaus in ein umwelt- und klimaverträgliches Energiesystems sind dabei sowohl die Entschädigungsregelung für die AKW-Betreiber als auch die Frage bedeutsam, wieviel Risikokapital und bei welchen Investoren für diesen Umbau zu Verfügung steht:

(a) Hinsichtlich der Entschädigungsfrage gilt: Auch wenn eine volle Substanzsicherung der Betreiber als politisch-rechtliches Datum vorgegeben würde, kann der Ausstieg aus der Atomenergie - bei unveränderten Sätzen für Abschreibung und Amortisation - über die Strompreise finanziert und entschädigt werden; nur vorübergehend kommt es bei entsprechend flankierender Energiepolitik zu einer leichten Strompreiserhöhung, nach wenigen Jahren jedoch tendenziell zu einer Verbilligung gegenüber einer Trend-Politik (vgl. Fritsche et al. 1988).

Die Stillegung von Atomkraftwerken würde nur dann zu einer echten Kapitalvernichtung führen, wenn den Eigentümern die weitere Abschreibung vom Restbuchwert der Anlagen und deren Überwälzung in den Strompreisen nach der Stillegung untersagt würde (im Sinne einer unter bestimmten Bedingungen nach dem Atomgesetz möglichen entschädigungslosen Enteignung). Durch die Stilllegung der Atomkraftwerke ergibt sich ansonsten kurzfristig für den gesamten (zunächst technisch unveränderten) Kraftwerkspark der Bundesrepublik nur eine andere Nutzungspriorität, bei insgesamt gleichbleibendem Abschreibungsvolumen: Die Erdöl- und Gaskraftwerke, die in den 70er Jahren aufgrund leichtfertiger Preis- und Verbrauchsprognosen zugebaut wurden, gingen bisher auch mit vollen Abschreibungen auf eine Gesamtkapazität von rd. 24 GW in die Strompreise ein, obwohl sie z.B. 1987 nur in rd. 900 (Öl) bzw. 1700 Stunden (Gas) genutzt wurden. Diese Kraftwerke würden nach einem kurzfristigen Ausstieg vorrübergehend wieder wesentlich intensiver eingesetzt.

(b) Weit bedeutsamer als die Entschädigungfrage ist jedoch die strukturelle Ungleichverteilung der Finanzierungsmittel: Die großen Verbund-Konzerne und AKW-Betreiber hätten zwar im Rahmen einer Aus- und Umstiegs-Strategie in der Theorie durchaus die Möglichkeit, ihr Kapital in innovativen Erzeugungs- und Nutzungsalternativen zum Atomstrom und Großverbund anzulegen. Aber in der Praxis sind andere Investoren "vor Ort" wie z.B. die Kommunen, die Industrie, neue dezentrale private Stromerzeuger, Energieeinsparagenturen und vor allem die Verbraucher selbst (bei Investitionen in rationellere Energienutzung) hierzu prädestiniert. Die notwendige Dezentralisierung der Technik bei der Implementierung einer CO_2-Reduktionsstrategie ist daher auch ein Problem der Dekonzentration und Umverteilung von ökonomischer und politischer Macht auf den Energiemärkten.

Aber das für eine Umbau-Strategie benötigte Kapital fließt ohne staatliche Eingriffe insbesondere nach einem über die Strompreise finanzierten Atomausstieg nach wie vor den Verbund-EVU zu. Etwa 57 Mrd. DM haben die Betreiber derzeit allein in laufende Atomkraftwerke investiert (vgl. Müller-Reißmann u. Schaffner 1986); bei unveränderter Strompreis-Kalkulation "erwirtschaftet" jedes AKW pro Jahr etwa 200 Mio. DM aus verdienten Abschreibungen, die zusammen mit dem übrigen cash flow immer weniger nur im Energiegeschäft profitabel angelegt werden können. Reguliert eine neue Energieaufsicht nach amerikanischem Vorbild den zukünftig noch zulässigen "Investitionskorridor" im Energiegeschäft klima-, umwelt und sozialverträglich, so bleiben neben Einsparmaßnahmen hauptsächlich noch Technologien auf Basis erneuerbarer Energiequellen und örtlich angepaßte KWK als Kapitalanlage übrig. Die Verbund-EVU könnten hieran buchstäblich "die Lust" verlieren und weiter in andere Branchen - z.B. ins Öl- oder Müllgeschäft - diversifizieren.

Eine erfolgversprechende CO_2-Minderungspolitik in der Bundesrepublik verlangt daher auch, daß mit geeigneten Maßnahmenbündeln die überschießende Liquidität der Verbund-EVU für Investitionen in entsprechende CO_2-Reduktionstechnologien kanalisiert wird. Insbesondere müßte verhindert werden, daß diese exorbitanten Kapitalrückflüsse nach dem Zusammenbruch der osteuropäischen Gesellschaftssysteme und nach Angliederung der DDR von den westlichen Energiemonopolen zu einen regelrechten Ostfeldzug und zur Übertragung der überzentralisierten Angebotsstrukturen auf Osteuropa ausgenutzt werden können. Symptomatisch hierfür ist der aggressive Beherrschungs- und Monopolisierungsvertrag vom 22.8.1990 zwischen Preußen-Elektra, RWE-Energie sowie Bayernwerk und der ehemaligen DDR-Regierung sowie der Treuhand: Zugunsten der Verstärkung des Machtmonopols weniger Energiekonzerne bei nur marginalen kurzfristigen öffentlichen Vorteilen ist hier in fahrlässiger Form einer ökologisch unverantwortlichen Weichenstellung zugestimmt worden. Damit wurden strukturell und langfristig wirkende Rahmenbedingungen geschaffen, die - bleibt es bei den geschaffenen Fakten - auch durch die vielen guten Vorschläge der Enquete-Kommission (z.B.Förderung der KWK) mittelfristig nicht mehr korrigiert werden können.

4.3 "Marktwirtschaftliche Energiepolitik": Globale Instrumente reichen nicht

Die bisherige, als "marktwirtschaftlich" apostrophierte Energiepolitik reagierte nur auf akute Krisen, unter offensichtlichem Handlungsdruck, ohne vorausschauende Planung und mit einem Zeithorizont von wenigen Jahren. Eine Fortsetzung dieses kurzatmigen Aktions-Reaktionsmusters wäre für die Klimastabilisierung katastrophal.

Da die Energiepolitik sich seit den 70er Jahren prozyklisch verhalten hat, ist auch die Frage nicht eindeutig beantwortbar, inwieweit die Steigerung der Energieeffizienz seit den 70er Jahren ein Ergebnis der "marktwirtschaftlichen" Energiepolitik und/oder der unabhängig von politischen Maßnahmen sich vollziehenden autonomen Anpassungen an das sprunghaft gestiegene Energiepreisniveau darstellt. Unstrittig ist, daß beim derzeitigen und bei einem zukünftig nur gering steigenden Energiepreisniveau eine auf unkorrigierte Marktprozesse setzende Klimastabilisierungspolitik ein hoffnungsloses Unterfangen wäre.

Die Wirtschaftsministerkonferenz hat am 14./15.9.1989 einen *in dieser Hinsicht* bemerkenswert weitsichtigen Beschluß gefaßt. Unter der Überschrift: "Das ökonomische Grundproblem: Gegen den Weltmarkt steuern" heißt es, daß es heute darum gehe, " ...eine ... marktentsprechende Entwicklung des fossilen Energieverbrauchs zu verhindern (!)... Daß der Markt von sich aus die erforderlichen Verbrauchsreduzierungen zur Lösung des Treibhausproblems nicht bewirken kann, liegt daran, daß die mit der Nutzung fossiler Energieträger bewirkte Klimagefährdung als sog. externer Effekt nicht internalisiert wird, d.h. nicht in die Preise und Kostenrechnung einfließt. In einer solchen Situation erfordert das marktwirtschaftliche System, die Marktprozesse administrativ zu korrigieren, daß sich die Knappheitsverhältnisse (hier Klimaverträglichkeit) in den Marktpreisen widerspiegeln." (Enquete-Kommission 1989:50)

Die illusionäre Seite dieses Beschlußes wird im letzten Halbsatz angesprochen: Hier klingt erneut die Hoffnung durch, daß allein durch eine Preis-und Marktsteuerung, d.h. durch die sogenannte Internalisierung der externen Kosten durch Abgaben und Steuern, die Klimaverträglichkeit einer ansonsten unveränderten "marktwirtschaftlichen" Energiepolitik herstellbar sei. Sicherlich ist eine differenzierte Primär- oder Endenergieabgabe mit zweckgebundener Mittelverwendung ein notwendiges und global wirksames Instrument zur beschleunigten Markteinführung von Technologien rationellerer und/oder erneuerbarer Energienutzung.[7] Aber der Einsatz globaler preisbeeinflussender Instrumente (Steuern, Abgaben oder Zertifikate) ist bei weitem nicht hinreichend.

Dies zeigt bereits der durch die Energiepreiskrisen der siebziger Jahre ermöglichte globale empirische Test: Wenn in einer Phase der Ölpreisexplosion um nominell gut das siebenfache (von 1973 = 82 DM/t auf 1985 = 622 DM/t; real um das fünffache) und in Verbindung mit einer prozyklischen Energiepolitik der Energieverbrauch von 1973 bis in die 80er Jahre "nur" bei rd. 380 Mio. t SKE in etwa konstant gehalten und die CO_2-Emissionen von 784 Mio. t (1973) auf 716 Mio. t (1987) - also um rd. 9% - abgesenkt werden konnten, wie soll dann in den nächsten 15 Jahren - bei derzeit drastisch gesunkenen Ölpreisen - eine CO_2-Reduktion von 30% erreicht werden?

Aber auch theoretische Gründe zeigen die eingeschränkte Wirksamkeit der "invisible hand" auf den "Energiemärkten": Wer sich nämlich aus der Traumwelt des Konkurrenzgleichgewichts und der neoklassischen Instrumente in die reale Unternehmens-und Energiepolitik begibt, erlebt einen "Praxisschock": Kein "Energiemarkt" funktioniert so wie im Lehrbuch, die Welt ist voller Hemmnisse. Dies gilt insbesondere dann, wenn vom Konzept der Energiedienstleistung und

---

[7] Allerdings müssen mögliche unsoziale Verteilungseffekte durch entsprechende Kompensations- oder Fördermaßnahmen ausgeglichen werden. Wir votieren hier ausdrücklich gegen eine CO_2-Abgabe bzw. -Steuer, weil
- dabei andere treibhauswirksame Gase (CH_4 und O_3/NO_x) vernachlässigt werden;
- die einseitige Konzentration auf das Ziel "Klimastabilisierung" zur Diskriminierung, Risikoverlagerung und Vernachlässigung anderer "externer Effekte" (atomare Risiken; Unfallfolgen des Straßenverkehrs) führt;
- hierdurch eine Richtungsentscheidung für Atomenergie auf "kaltem Wege" erfolgt;
- die Steuerungswirkung z.B. für Kraftwerkskohle prohibitiv, aber für PKW-Benzin gering wäre.

von der Notwendigkeit ausgegangen wird, daß das "Paket" von Energiezuführung und rationeller Nutzungstechnik je Dienstleistung möglichst preisgünstig und umweltverträglich bereitgestellt werden soll. Der direkte Wettbewerb zwischen Energieträgern und die dabei auftretenden Hemmnisse sind gegenüber denen des Substitutionswettbewerbs zwischen Energie und Kapital (rationellere Energienutzung) sekundär.

Die Lenkungswirkung globaler, über den Preis steuernder Instrumente (Zertifikate, Steuern, Abgaben) ist gegenüber bestimmten Formen von strukturellen, institutionellen und rechtlichen Hemmnissen insbesondere für die Entfaltung eines wirksamen Substitutionswettbewerbs prinzipiell beschränkt. Das Marktversagen kann hier durch keine noch so ausgeklügelte Form der Internalisierung korrigiert werden. Hierzu im folgenden einige Schlaglichter:

Gespaltener Markt

Ein funktionsfähiger Substitutionswettbewerb zwischen Elektrizität und Kapital (efficiency) würde z.B. voraussetzen, daß einerseits die Anbieter von Einspartechnologien hinsichtlich Marktstellung, Liquidität und Kapitalausstattung mit den Anbietern von Elektrizität vergleichbar sind. Streng genommen wäre dies überhaupt nur dann der Fall, wenn eine große Anzahl homogener und miteinander konkurrierender Investoren vor der Entscheidung stünde, entweder in MEGAWatt oder in NEGAWatt zu investieren. Dies trifft bisher höchstens auf jenen kleinen Kreis von energy service companies zu, die von EVU gegründet worden sind. Zumeist handelt es sich jedoch um diametral unterschiedliche Investortypen. Großen Strommonopolisten stehen z.B. viele einzelne Abteilungen aus Mischkonzernen mit zahlreichen konkurrierenen Einspartechnologien gegenüber.

Andererseits werden die Marktübersicht und Entscheidungen von Millionen von Verbrauchern ohne Marktmacht (außer bei Industriebetrieben) systematisch dadurch verzerrt, daß ihnen durch falsche Energiepreisstrukturen und (Des-) Information der EVU in der Regel vor allem der Kauf von Energie und nicht die u.U. wesentlich billigere Einspartechnologie als Mittel zur Bereitstellung von EDL nahegelegt werden.

Die Hemmnisse für die Markteinführung von mehr Energieeffizienz sind daher Legion, wenn der einzelne Verbraucher hinsichtlich seines Bedarfs an EDL auf den monopolisierten Märkten für leitungsgebundene Energieträger allein gelassen wird. Da für EDL bisher noch kaum Märkte bestehen, muß sich der einzelne Nutzer aus den Marktparametern auf unterschiedlichen Märkten quasi selbstgestrickt sein Gesamtkostenoptimum für kosteneffektive EDL ermitteln. Hierzu ist er häufig allein nicht in der Lage (z.B. als privater Haushalt oder Handwerksbetrieb) oder - ohne verändertes Regulierungssystem - auch nicht bereit, weil dieses Gesamtoptimum seinem privaten Verkaufsinteresse (z.B. bei Energieanbietern) a priori widerspricht.

Energieberatung und systematische Fort- und Weiterbildung insbesondere auch für Entscheidungsträger in Kommunen, bei Klein- und Mittelbetrieben sowie im Handwerk sind daher eine conditio sine qua non. Hinzu müssen jedoch neue Methoden der "Entdeckungsplanung" und der Regulierung wie "Least-Cost Planning" (vgl. 4.5) und neue Organisations- und Vertragsformen (Energieagenturen; Contracting) kommen.

Asymmetrische Marktmacht

Offensichtlich sind an der Bereitstellung von EDL in der Regel unterschiedliche Akteure beteiligt, deren ökonomische Stärke, Marktstellung und soziales Interesse enorm differieren kann:

- "David-Goliath"-Konstellationen: Traditionelle Energieverkäufer (EVU) unterscheiden sich z.B. von den Energienutzern systematisch in den folgenden wesentlichen Punkten: Die Marktposition von Energieanbietern ist de facto schon durch den Besitz von Naturressourcen (z.B. bei der Braun-und Steinkohle sowie bei der Wasserkraft), durch die Konzentration der technischen Produktionsmittel (Kraftwerke, Netze), durch ihre enorme Finanzkraft, Liquidität, Marktübersicht und Planungskompetenz in der Regel ungleich gewichtiger als die der Nutzer (Ausnahme: industrielle Großabnehmer).

- "Staatliche Kostenüberwälzungsgarantie": Die Investitionspolitik der Anbieter der öffentlichen Elektrizitätsversorgung ist darüberhinaus z.B. in der Bundesrepublik durch ein rechtliches Regelgeflecht (Ausnahmebereiche nach § 103 GWB) und durch die hierdurch verstärkte marktbeherrschende Stellung (Gebietskartelle) sowie durch privilegierte Aktionsparameter (z.B. bei der Preis-, Tarif- und (Einspeise-) Vergütungspolitik) auch de jure nahezu risikolos abgesichert. Dadurch können in der öffentlichen Elektrizitätsversorgung der Bundesrepublik Fehlplanungen und Überkapazitäten über Jahrzehnte ohne ökonomische Folgen praktiziert werden.

pay back gap[8]

Aus diesen Gründen können Kraftwerksbetreiber mit extrem langen Planungs- und Bauzeiten operieren und mit Amortisationszeiten von 20 - 25 Jahren kalkulieren, die Industrie z.B. in der Regel nur mit 3 - 5 Jahren. Haushalte sowie Handwerks- und Kleinbetriebe sind ohne Anleitung zur Kalkulation der "Gestehungskosten" bzw. Amortisationszeiten von Maßnahmen rationeller Energienutzung überhaupt nicht in der Lage.

Für öffentliche Investoren ergeben sich bereits aus haushaltsrechtlichen Gründen (Trennung von Verwaltungs- und Vermögenshaushalt) sowie wegen mangelnder

---

[8]Vgl. Cavanagh 1987; NARUC 1988; Brohmann et al. 1989.

Liquidität systematische Hemmnisse bei der Finanzierung auch sehr wirtschaftlicher Energiesparmaßnahmen.

Aus diesen und anderen marktstrukturellen Gründen klaffen subjektive und objektive Amortisationszeiten bei Maßnahmen rationeller Energienutzung insbesondere bei privaten Haushalten, Kleinbetrieben und öffentlichen Körperschaften weit auseinander ("pay back gap").

An einem Beispiel soll dies verdeutlicht werden: Die normale Amortisationszeit für ein stromeffizientes Haushaltsgerät betrage 9 Jahre bei einem durchschnittlichen Strompreis von 25Pf/kWh; bei einer technischen Lebensdauer des Geräts von 15 Jahren ist dies eine wirtschaftliche Investition. Geht der Privathaushalt allerdings wie üblich von einer subjektiv erwünschten Kapitalrückflußzeit von nur einem Jahr aus, müßte der Strompreis rd. 2,25 DM betragen, damit sich die gleiche Investition lohnt.

Dies wirft auch ein Schlaglicht darauf, wie exorbitant hoch eine Energiesteuer bemessen sein müßte, wenn - allein über pretiale Steuerung - die theoretisch wirtschaftlichen, aber in der Realität eben "gehemmten Potentiale" (E.Jochem) mobilisiert werden sollen. Es ist klar, daß gerade diejenigen Politiker, die eine Energiesteuer den Ge- und Verboten sowie den strukturellen Reformen wegen der leichteren Durchsetzbarkeit vorziehen, derart hohe Energiesteuern niemals politisch für "machbar" halten würden.

Stromwirtschaftliche Disparität[9]

Insbesondere auch die forcierte Markteinführung von Heizkraftwerken und von Nah- und Fernwärmesystemen kann gegen die bestehenden strukturell-rechtlichen Hemmnisse nicht allein mit einer pretialen Steuerung durchgesetzt werden. Obwohl - gleiche Methodik bei der Wirtschaftlichkeitsrechnung wie bei einem großen Verbund-EVU vorausgesetzt - in der Bundesrepublik ein riesiges wirtschaftliches Potential bei Industrie und Kommunen besteht (Enquete-Kommission Erdatmosphäre 1990), wird es nur sehr zögerlich umgesetzt; auch eine Energiesteuer würde dies nicht grundsätzlich ändern können. Der Grund liegt u.a. darin, daß viele kommunale oder industrielle Newcomer auf dem HKW-Markt mit Vollkosten (langfristigen Grenzkosten) gegen die Mischpreiskalkulation bzw. gegen die kurzfristigen Grenzkosten aus dem teilweise abgeschriebenen Kraftwerkspark ihrer bisherigen Lieferanten (häufig ein überregionales Verbund-EVU) konkurrieren müssen. Das Verbund-EVU investiert in kostenineffektive Großkraftwerke reiner Stromerzeugung und verhindert gleichzeitig die unerwünschte Konkurrenz des billigeren HKW beim Newcomer durch ein entsprechendes Lockvogel-Lieferangebot ("stromwirtschaftliche Disparität"). Ohne flankierende Energiepolitik (z.B. gesetzliche Einspeisbedingungen; Verpflichtung auf Least-Cost Planning) wird sich daher die theoretisch zumeist wirtschaftliche-

---

[9]Vgl. Stumpf u. Windorfer (1984).

re dezentrale Stromerzeugung in HKW nicht gegen die großen zentral produzierenden Stromkonzerne durchsetzen können (Traube 1987).

Investor/Nutzer-Problematik

Die größten technischen Einsparpotentiale liegen in der Bundesrepublik im Wärmemarkt, insbesondere bei Heizenergie (siehe oben). Zwar spielt der anlegbare Heizenergiepreis und damit auch eine entsprechende Energiesteuer z.B. für die Wirtschaftlichkeit von Wärmedämminvestitionen in Einfamilien-Häusern eine wesentliche Rolle. Trotzdem sind generell im Gebäudebereich die Hemmnisse erheblich, so daß ohne entsprechende Wärmedämmvorschriften (etwa Niedrig-Energie-Haus-Standard wie in Schweden) die vorhandenen Potentiale nicht annähernd ausgeschöpft werden können.

Dies gilt vor allem für den Mietwohnungsbereich. Im Mietwohnungsbau hat bei einer energetischen Sanierung des Gebäudes der Mieter den Nutzen sinkender Energiekostenbelastung und der Vermieter zunächst nur das Risiko und den Ärger mit den höheren Investitionskosten. Hohe und steigende Energiepreise verbessern auch hier die Wirtschaftlichkeit von Wärmedämminvestitionen, aber dies allein reicht nach aller Erfahrung nicht aus, um den genannten Interessengegensatz auszugleichen (mögliche Gegenmaßnahme: Wärmepaß nach dänischem Vorbild). Vor allem kommt es generell im Gebäudebestand darauf an, die Vornahme von Einsparinvestitionen durch zielgruppenspezifische Beratung und Förderung dann zu stimulieren, wenn sie im Zuge ohnehin anstehender Erneuerungs- oder Sanierungsmaßnahmen am billigsten ist; sonst entstehen "lost opportunities", die auch mit hohen Energiesteuern während der langen technischen Lebensdauer von Gebäuden und Heizanlagen nicht mehr korrigierbar sind. Hieraus folgt:

- Eine Energiepreisanhebung (durch eine Abgabe oder Steuer) schafft zwar einen wirtschaftlichen Anreiz, bestehende Hemmnisse für die Markteinführung von Technologien effizienterer Nutzung oder Erzeugung von Energie "zu überspringen", beseitigt aber nicht die vorhandenen Hemmnisse selbst. Höhere Preise sind quasi die Peitsche, die das Pferd über die Hürde treiben sollen, aber die Hürde selbst (eine Vielzahl von institutionellen, rechtlichen und strukturellen Hemmnissen) wird dadurch nicht beseitigt.

- Inbesondere die "pay back gap" führt dazu, daß einerseits bei unkorrigierten Marktprozessen ständig zuviel Kapital in den Ausbau des Energieangebots statt in die rationelle Energienutzung fließt und andererseits Newcomer (z.B. industrielle und kommunale Betreiber von KWK und/oder Solarenergieanlagen) auch auf der Angebotsseite systematisch gegenüber den traditionellen Kraftwerksbetreibern "benachteiligt" werden.

Daher muß die Energiepolitik darauf gerichtet sein, z.B. auch durch Ge- und Verbote sowie durch Beratungs- und Finanzierungskonzepte den Substitutionswettbewerb zwischen Energieeinspar- und Erzeugungsinvestitionen systematisch zu fördern.

Staatliche Energiepolitik muß aber insbesondere auch auf der Anbieterseite, bei den EVU, dafür sorgen, deren Investitionstätigkeit von vornherein durch geeignete Steuerungsinstrumente in die volkswirtschaftlich effizienteste Kapitalanlage - unter systematischer Berücksichtigung von Einsparpotentialen - zu lenken. Denn bei einer fortgesetzten Fehlleitung von Kapital in den Ausbau des Energieangebots statt in die Erschließung volkswirtschaftlich kostengünstigerer "NEGAWatt" wären nachträgliche Korrekturen z.B. auch durch Ge- und Verbote oder Fördermaßnahmen auf der Nutzerseite mit hohen volkswirtschaftlichen Verlusten verbunden. Die neuen Unternehmensziele eines EDU und die Methoden und Instrumente ihrer intelligenten Regulierung (durch "Least-Cost Planning") sind daher gerade für eine *ex ante Vermeidung* von "externen" Kosten von grundlegender Bedeutung.

4.4 Energiedienstleistungsunternehmen

Rund 40% der CO_2-Emissionen in der Bundesrepublik stammen direkt (bei Erdgas) oder indirekt (bei der Elektrizitäts- oder Fernwärmeerzeugung aus fossilen Energieträgern) aus dem Verkauf leitungsgebundener Energieträger; ein weiterer Anteil von rd. 20%, der insbesondere aus der Heizwärme- und Warmwassererzeugung mit Heizöl in den Sektoren Haushalte, Kleinverbrauch und Industrie resultiert, kann auch durch die Unternehmenspolitik von EVU indirekt mitbestimmt werden (z.B. durch Nah-und Fernwärmeangebote oder Einsparpolitik).

Daher bedeutet die Umsetzung der erforderlichen CO_2-Reduktionspolitik immer auch einen radikalen Wandel der Unternehmensziele von EVU: Aus dem traditionellen Energieabsatzmaximierer muß schrittweise ein Energiedienstleistungsunternehmen (EDU) entstehen. Grundgedanke eines EDU ist dabei, daß *Zuführung und die Einsparung von Energie möglichst als Paket* angeboten werden sollen, um dadurch die vom Verbraucher gewünschte Energiedienstleistung mit möglichst geringem Energie- und Kosteneinsatz bereitzustellen.Die Stichworte der neuen Unternehmensphilosophie lauten: Diversifizierung, Ausweitung der Produktpalette, Produktveredelung; neue Geschäftsbereiche; Energieagenturen; Beraten, Planen, Projektieren, Finanzieren, Versorgen und Einsparen aus einer Hand (vgl. Bremer Energiebeirat 1989; Hennicke u. Spitzley 1990).

4.5 Märkte für "Energiedienstleistungen" und "Least-Cost Planning"

Es ist auch notwendig, aus dem EDU-Konzept und dem hieraus folgenden Begriff eines "Markts für Energiedienstleistungen" Konsequenzen für die organisatorisch-institutionelle Überwindung der Hemmnisse für rationellere Energienutzung zu ziehen. Dies betrifft sowohl die Methodik der systematischen Suche, Erfassung und Bewertung von Einsparpotentialen als auch die Instrumente der

Implementierung und Regulierung. Hierbei kann an die Theorie und Praxis der Regulierung in den USA und das dort entwickelte Konzept des "Least Cost Planning" angeknüpft werden (vgl. NARUC 1988; Brohmann u. Fritsche 1989; Hennicke 1989; Herppich et al. 1989).

Das Konzept des "Least Cost Planning" (Minimalkosten-Planung) bildet für die Theorie und Praxis der energiewirtschaftlichen Reformmaßnahmen in den USA und neuerdings auch für die Klimastabilisierungspolitik (so z.B der von C. Schneider u.a. in den amerikanischen Senat eingebrachte Gesetzentwurf "Global Warming Prevention Act"[10]) ein Kernstück. Kurz zusammengefaßt handelt es sich hierbei um eine auf allen Stufen der Energiewirtschaft (Einzelobjekte; Versorgungsgebiete bzw. -systeme; Regionen) für Elektrizität als auch andere Energieträger einsetzbare Methode der systematischen "Entdeckungsplanung" und um ein wirtschaftswissenschaftliches Konzept für eine operationalisierte Bewertung und Entscheidungsvorbereitung für Investitionsalternativen des Angebots oder der Einsparung von Energie.

Für die Praxis der öffentlichen Regulierung und der Unternehmensplanung stellt sich vor allem das grundsätzliche Problem, wie die auch nach der neoklassischen Wettbewerbstheorie zwingend gebotene systematische Abwägung "Einsparen oder Zubauen" auch zum selbstverständlichen Bestandteil der Unternehmensphilosophie von "Versorgungs-" unternehmen gemacht werden kann, da nach deren traditionellem Verständnis die Verbraucher für das Einsparen und die EVU für die Versorgung zuständig sind.

Trotz sicherlich bestehender wesentlicher Unterschiede zur Energiewirtschaft in den USA wird zunehmend anerkannt, daß auch in Europa und insbesondere auch in der Bundesrepublik (vgl. Bundesrat 1990; Enquete-Kommission Erdatmosphäre 1990) das LCP-Konzept bei der Unternehmensplanung von EVU, bei der Erstellung und Umsetzung von örtlichen und regionalen Energiekonzepten sowie insbesondere auch für die Theorie und Praxis der öffentlichen Energieaufsicht eine bedeutende Rolle spielen könnte. Untersuchungen des ÖKO-Instituts (Freiburg) kamen zu dem Ergebnis, daß durch die umfassende Anwendung des LCP-Konzepts in der Bundesrepublik und die teilweise Internalisierung externer Kosten gegenüber einem Trendszenario bis zum Jahr 2010 allein im Kraftwerkssektor eine CO_2-Reduktion von bis zu 200 Mio. t CO_2 denkbar wäre; bei Einbeziehung der Wärmenutzung würde sich dieses Potential noch erheblich steigern lassen (vgl. Brohmann et al. 1989).

---

[10]Vgl. Global Warming Prevention Act; im US-House of Representatives am 5.Oktober 1988 von Schneider, Brown u.a. vorgelegter Gesetzentwurf (Nr. H.R. 5460).

4.6 Strukturelle Hemmnisse: Die Überwindung der Investitions- und Innovationsblockade

Während sich ein Konsens herauszubilden scheint, daß weitgehende Korrekturen des Energiepreissystems (durch die sogenannte Internalisierung der externen Kosten in Form einer Steuer oder Abgabe) sowie hierzu flankierende sektor -und zielgruppenspezifische Maßnahmenbündel (z.B. Verschärfung des Energieeinsparungsgesetz von 1976) für eine CO_2-Minderungspolitik in der Bundesrepublik notwendig sind, ist sowohl die Frage nach der Ordnung und Struktur eines klima-, umwelt- und sozialverträglichen Energiesystems als auch die nach der zukünftigen Rolle der Atomenergie umstritten; hierauf soll im abschließenden Kapitel eingegangen werden. Die innere Logik eines "harten" Energiepfades und der ihn legitimierenden angebotsorientierten Szenarien, auf deren risikokumulierenden Effekt am Beispiel der Weltenergieszenarien schon hingewiesen worden war, soll dabei für die Bundesrepublik etwas genauer untersucht werden.

Häufig wird die Atomenergie nur unter Risikogesichtspunkten diskutiert: Je nach der Bewertung dieser Risiken werden diametral entgegengesetzte Strategien - der sofortige Ausstieg wie auch der Ausbau der Atomenergie - abgeleitet. Angesichts der jetzt erkennbaren buchstäblich grenzen- und zeitlosen katastrophalen Folgen von Tschernobyl und der nie gefahrlos "lösbaren" Atommüll-Endlagerung stellt sich heute mehr denn je die Frage, ob und wie ein Politiker, ein Techniker oder EVU-Vorstand die Risiken der Atomenergie jemals "verantworten" könnte. Nach Tschernobyl erscheint die Inkaufnahme atomarer Risiken überhaupt nur noch dann begründ- und verantwortbar, wenn dadurch noch größere Schäden (z.B. durch den Treibhauseffekt) von der Menschheit abgewendet werden könnten.

Um aus dem drohenden Treibhauseffekt ein Argument für die Atomenergie ableiten zu können, muß also in jedem Fall von der Sinnhaftigkeit und der Notwendigkeit einer Risikoabwägung bzw. einer "Risikosstreuung" (Altbundeskanzler H.Schmidt) ausgegangen werden. Wir bestreiten beides: Weder macht es Sinn, ein lebensbedrohendes Risiko durch ein anderes zu ersetzen, noch zwingt der drohende Treibhauseffekt zur Risikostreuung. Im Gegenteil: Die Atomenergie ist quasi die "Speerspitze" des "harten" Energiepfades, der sowohl das atomare als auch das Treibhausrisiko verschärft. Unsere im folgenden am Beispiel der Bundesrepublik näher erläuterte These lautet: Innerhalb eines großtechnischen angebotsorientierten Energiesystems mit Atomenergie besteht gar nicht die Wahl zwischen mehr oder weniger Risiko, sondern eine systemimmanente Tendenz zur Risikokumulierung. Wie ein historischer Rückblick auf die repräsentative Szenarienmethodik der Enquete-Kommission "Zukünftige Kernenergie-Politik" zeigt, war dies auch bis vor kurzem nahezu selbstverständlich akzeptierter Stand der (herrschenden) Wissenschaft (vgl. Enquete-Kommission Kernenergie 1980).

4.6.1 Wer sind die Realisten, wer die Utopisten?

Auch in der Bundesrepublik haben die Vertreter des "harten", angebotsorientierten Paradigmas bis in die jüngste Zeit die Energieprognosen und -programme nahezu unangefochten dominiert. Um so erstaunlicher ist, daß deren absonderliche wissenschaftliche Fehlleistungen bisher nahezu ohne Konsequenzen und mit Stillschweigen übergangen werden.

Gegenüber der Öffentlichkeit präsentieren sich Betreiber und Befürworter der Atomenergie gern als nüchterne Realisten und ihre Kritiker als die Utopisten. Eine seltsame Verkehrung der Realität: Auf keinem Feld der Energiepolitik verstieg sich die überwiegende Mehrheit von Pro-Atom-Experten und Politiker zu derartigen Fehleinschätzungen, wie in der Frage der Realisierungschancen für die Atomenergie bzw. für die Energieeinsparung. Da die realistische Einschätzung insbesondere der Rolle der Energiesparens für die Zukunft eine Schlüsselfrage darstellt, kann hier ein Rückblick auf die bisherige Entwicklung und den Realitätssinn von Vertretern des "harten" Pfads einen Anhaltspunkt liefern:

Die Enquete-Kommission "Zukünftige Kernenergie-Politk" hatte 1980 erstmalig systematisch "vier repräsentative energiepolitische Energiepfade" für einen Zeitraum von 50 Jahren konzipiert. Im Pfade 1 wurde bis 2030 ein Atomenergieausbau von mindestens 165 GW (davon 50% Brüter) für möglich und wünschbar gehalten, dennoch wären die CO_2-Emissionen noch erheblich angestiegen; dies vor allem deshalb, weil im Pfad 1 mindestens eine Verdoppelung des Primärenergieverbrauchs (auf 800 Mio. t SKE in 2030) für akzeptabel und hinsichtlich Wirtschaftswachstum und Erlangung der sozialen Sicherung für vorteilhaft gehalten wurde. Auch im Pfad 2 wurde noch von einem Primärenergiezuwachs auf mindestens 550 Mio. t SKE (2030) und von einer Atomenergiekapazität von mindestens 120 GW (davon 54 GW Brüter) ausgegangen. Heute wissen wir, daß dies keine intelligenten Annahmen waren.

Im Pfad 4 war dagegen ein Ausstieg aus der Atomenergie und eine Absenkung des Primärenergieverbrauchs auf 310 Mio. t SKE (2030) errechnet worden. 1980 wurde diese Energieeinsparung noch mehrheitlich als "extrem" eingestuft, die technische Machbarkeit war "äußerst umstritten" und die Kosten galten als "nicht abschätzbar". Prof. Häfele glaubte den Befürwortern von Pfad 3 und 4 und den Kritikern des "Atomstaats" entgegenhalten zu können: "Dann wären ebenso Kontroll- und Durchsetzungsmaßnahmen zum sehr starken und extremen Sparen, als Weg zum "Kalorienstaat" apostrophierbar, in dem die letzte Kalorie staatlich bewacht würde." Und weiter: "Es ist nun entscheidend zu erkennen, daß jedwedes Sparen nicht erprobt ist ... Demgegenüber muß der Brüter als bereits hochgradig erprobt gelten." (Enquete-Kommission Kernenergie 1980:79).

Dieser Fehleinschätzung haben sich die drei CDU-Vertreter in der Kommision im Tenor angeschlossen; auch sie konstatierten: "Pfad 1 dürfte der Realität wesentlich näher sein als die Gruppe der übrigen Pfade..." (Enquete-Kommission Kernenergie 1980:56).

Heute wissen wir: Im Gegensatz zu einer in der Öffentlichkeit verbreiteten Legende waren die Befürworter der Pfade 1 und 2 die Phantasten und Wunschträumer, die Realisten dagegen die Befürworter der Pfade 3 und 4. Allein schon das Trendsparen hat in der Bundesrepublik dazu geführt, daß zumindest in den nächsten zwei Jahrzehnten der Primärenergieverbrauch aller Wahrscheinlichkeit nach nicht mehr über 400 Mio. t SKE ansteigen wird (vgl. ESSO 1989; ISI/-Prognos AG 1989). Bei Ausschöpfung des vorhandenen wirtschaftlichen und insbesondere des technischen Energieeinsparpotentials kann der Zielwert des Pfad 4 (310 Mio. t SKE bis zum Jahr 2030) weit unterschritten werden. Eine neue Szenario-Rechnung von Nitsch u. Luther (1990) errechnet für das Jahr 2020 einen Zielwert von 313 Mio. t SKE als Trendvariante und hält eine Absenkung auf 252 Mio. t SKE für möglich. Heute besteht vermutlich sogar Übereinstimmung über alle ernst zu nehmenden energiepolitischen "Lager" hinweg, daß der Einspar-Pfad 4 weit gangbarer ist als der extreme Atom-Pfad 1.

Natürlich sind die Fehleinschätzungen der Vergangenheit noch kein hinreichender Beleg dafür, daß Atomenergie und Energiesparen nicht doch in Zukunft vereinbar sein könnten. Warum also nicht aus den "vernünftigen Teilen" aller Pfade einen "neuen energiepolitischen Konsens" nach der Devise " Atomenergie + Sparen" formulieren?[11]

4.6.2 Der Atomausstieg als Voraussetzung einer Politik der Klimastabilisierung

Da die Erzeugung von Strom in einem Atomkraftwerk - im Gegensatz zur vorgelagerten Prozeßkette des Brennstoffzyklus (vgl. Fritsche et al. 1989) - nicht mit der Freisetzung von CO_2 verbunden ist, erscheint die in der Überschrift angedeutete These auf den ersten Blick paradox. Der Verzicht auf Atomenergie, so die scheinbar evidente Schlußfolgerung, müsse die CO_2-Emissionen unweigerlich noch mehr in die Höhe treiben.[12]

Angesichts der drohenden Katastrophe einer irreversiblen Klimaänderung scheint daher eher der Ausbau der Atomenergie gefordert. Zwar wird von der "gemäßigten" Pro-Atom-Fraktion zugestanden, daß auch ein extremer Ausbau der Atomenergie allein niemals zur Eindämmung des Treibhauseffekt ausreichen würde; aber gerade deshalb, so wird scheinbar zwingend argumentiert, müßten alle Optionen genutzt werden, die zumindest einen Beitrag zu Lösung beisteuern können. Angesichts mehrerer globaler Risiken des Energiesystems bliebe somit

---

[11] Der verstorbene VEBA-Chef R.v.Bennigsen-Foerder hat dieses Konzept in einer programmatischen Rede erstmalig vorgestellt; vgl. Frankfurter Rundschau vom 19.1.1989.

[12] Auch einen profilierten Atomenergiekritiker, wie Prof. Meyer-Abich, hat der kurzfristige CO_2-steigernde Effekt eines Sofortausstieg dazu veranlaßt, diesen für "unverantwortlich" zu bezeichnen (vgl. TAZ vom 8.3.1990). Die nur kurzzeitige CO_2-Spitze bei einem kurzfristigen Ausstieg kann aber nicht der eigentliche Streitpunkt sein, wenn *in der Summe und mittelfristig* durch den Ausstieg ein größeres CO_2-Minderungspotential realisiert wird als bei einer Strategie mit Atomenergie. Da Meyer-Abich dies nicht untersucht hat, war seine Einschätzung nicht begründet.

der Menschheit in der Tat nur noch die Strategie der "Risikosstreuung". Weder die Risiken der Atomenergie noch die des Treibhauseffekt könnten ganz vermieden, sondern höchstens auf einen möglichst geringen "Risikorest" reduziert werden.

Für die Welt (vgl. Lovins et al. 1983), für Schweden (Johannson et al. eds. 1989), für Europa (Krause et al. 1988) und für die Bundesrepublik (Fritsche et al. 1989) wurde jedoch in Szenarioanalysen gezeigt, daß *trotz* des drohenden Treibhauseffekts nicht auf den Ausstieg aus der Atomenergie verzichtet werden muß, weil angeblich nur noch "Risikostreuung" und nicht mehr eine Politik der Risikominimierung möglich ist.

In mehreren Studien ist weiterhin gezeigt worden, daß eine solche Effizienzstrategie volks- und regionalwirtschaftlich vorteilhaft ist (vgl. Keepin u. Kats 1988; Bremer Energiebeirat 1989; Hennicke 1988; Enquete-Kommission Erdatmosphäre 1990; Johannson et al. eds. 1989; Greenpeace Schweiz 1990). Auch die fehlende gesellschaftliche Akzeptanz[13] spricht für einen baldigen und geordneten Rückzug aus der Atomenergie. Spätestens bei einem erneuten ernsten atomaren Unfall müßte sonst unter dem Druck der öffentlichen Meinung überstürzt und mit dann unnötig überhöhten Kosten sowie Umwelt- und Klimafolgen ausgestiegen werden.

Unsere im folgenden entwickelte These geht jedoch darüber hinaus: Solange und weil nicht aus der Atomenergie ausgestiegen wird, sind weder die ökonomischen Antriebskräfte noch der energiepolitische Wille für eine Politik des Vorrangs für rationelle Energienutzung und für die Solarenergie vorhanden. Die immanente Entwicklungsdynamik eines Atomsystems, als Kernbereich eines "harten" Energiepfades und eines großtechnischen Kraftwerks-und Verbundsystems, wirkt als Investitions- und Innovationsblockade.

Zu einer ähnlichen Schlußfolgerung kommt eine Studie eines der Atomenergie nahestehenden Ingenieurbüros für die Schweiz. Fazit: "Für die zukünftige Emissionsentwicklung in der Schweiz ist die Ausgestaltung der Sparpolitik weit wichtiger als jene der Kernenergiepolitik. Sofern der Ausbau der Kernenergie nicht mit einer konsequenten Sparpolitik begleitet wird, erhöhen sich die CO_2-Emissionen trotz der beabsichtigten Erdölsubstitution. Eine Konsolidierung oder Verminderung des CO_2- Ausstosses kann nur mit Hilfe eines umfassenden Sparprogramms erreicht werden. Wenn ein solches verwirklicht werden kann, erübrigt sich angesichts der Energieverbrauchsentwicklung der verstärkte Ausbau oder allenfalls auch der Weiterbetrieb von Kernkraftwerken." (Elektrowatt AG 1989).

Eine umfassende Systemanalyse zur theoretischen Klärung der damit aufgeworfenen Grundsatzfragen liegt allerdings bislang nicht vor; auf der Ebene üblicher

---

[13] Vgl. o.V., Die Einstellung zur Kernenergie nach dem Ausstieg aus Wackersdorf, in: Energiewirtschaftliche Tagesfragen 1/2 1990.

Szenarioanalysen können diese Fragen ohnehin nicht abschließend geklärt werden, wenn nicht zusätzlich die realen Hemmnisse, die Entwicklungsdynamik und die Funktionslogik des bestehenden Energiesystems auf mikro- und makroökomischer Ebene mit in die Untersuchung einbezogen werden; wo dies ansatzweise geschehen ist (z.B. IIASA 1982; Schefold 1987; Krause et al. 1989; Keepin u. Kats 1988), wird eine Vereinbarkeit von Atomenergie und forcierter rationeller Energienutzung ausgeschlossen. Wir wollen im folgenden hierzu einige Plausibilitätsüberlegungen zusammentragen.

4.6.3 Eine "Effizienzrevolution" bedeutet weit mehr als "Trendsparen"

Noch vor wenigen Jahren wurde die technische Machbarkeit forcierter Energiesparmaßnahmen schlicht bestritten (siehe oben) und/oder zumindest im Gegensatz zur großtechnischen Ausweitung des Energieangebots gesehen (vgl. IIASA 1982). Unter dem Eindruck der Umwelt- und Klimadiskussion hat sich dies - oberflächlich gesehen - scheinbar geändert. Jedermann ist heute für Energiesparen. "Atomenergie + Sparen" lautet z.B. auch eine Botschaft einer Pressekampagne der Betreiber von Atomanlagen (vgl. Grawe 1989). Aber das Bekenntnis zum Energiesparen ersetzt bislang in der Regel noch die wissenschaftliche Analyse der umfangreichen technischen Einsparpotentiale und fast immer fehlt der entschlossene energiepolitische Wille und das instrumentelle Konzept zur umfassenden Implementierung von "NEGAWatt" (A. Lovins).

Wenn auch das Studienpaket der Enquete-Kommission bei weitem noch nicht alle technisch möglichen Einsparpotentiale (z.B. in der Industrie, im Kleinverbrauch) ermittelt hat, wurde dadurch dennoch erstmalig offiziell bestätigt, daß auch in der Bundesrepublik eine "Effizienzrevolution" (A. Lovins) technisch möglich ist. Ob, wie und wann diese umfangreichen technischen Einsparpotentiale auch realisiert werden können, sind die Kernfragen der zukünftigen Klimastabilisierungspolitik.

Daß die "Effizienzrevolution" *theoretisch* eine risikominimierende Strategie darstellt, wird auch von Skeptikern heute akzeptiert. Diejenigen, die trotz Tschernobyl an der atomaren Option festhalten oder sie sogar ausweiten wollen, bestreiten vor allem, daß Energiesparen im geforderten Umfang praktisch möglich ist. Sofern es praktisch realisierbare Einsparpotentiale gibt, so die Behauptung der Atomenergiebefürworter, sind sie auch in einem System mit Atomenergie erschließbar: Die CO_2-Emissionen könnten somit durch "Atomenergie + Sparen" besonders effektiv gesenkt werden.

Natürlich findet bei zukünftig wieder steigenden Energiepreisen trotz aller Hemmnisse stets ein gewisses "Trendsparen" statt; aber "Trendsparen" im Rahmen einer sonst unveränderten angebotsorientierten Energie- und Unternehmenspolitik erschließt nur einen Bruchteil der vorhandenen "gehemmten wirtschaftlichen Potentiale" (E. Jochem). Würden andererseits diese Potentiale durch eine aktive Energie- und Unternehmenspolitik systematisch umgesetzt, wird die Atomenergie zur Energiebedarfsdeckung unnötig - der geringe atomare

Endenergieanteil (heute in der Bundesrepublik etwa 7%) kann buchstäblich "weggespart" werden. Die These von der Vereinbarkeit von Energiesparen und Atomenergie ist also zutiefst widersprüchlich. Entweder ist nur vom "Trendsparen" die Rede : dann muß - unnötig riskant und teuer - weiter an der Atomenergie festgehalten werden. Oder es geht tatsächlich um Priorität für rationelle Energienutzung und den planmäßigen "Bau von Einsparkraftwerken" (Lovins): dann wird die Atomenergie nicht nur unnötig, sondern auch zum größten Hemmschuh zu deren Markteinführung.

Die Widersprüche zwischen forcierter Energieeinsparung und Atomenergie werden von H.L. Schmid, Vizedirektor des eidgenössischen Amtes für Energiewirtschaft, (für den Kontext der Schweiz mit einem Atomstromanteil von 38% (1986)) wie folgt formuliert: "If energy efficiencies were strengthened still more ... emissions of pollutants and CO_2 could be reduced even further, and a partial nuclear phase-out would result ... The scenarios suggest that, in the case of Switzerland, which has practically no fossil fired electricity generation, the major contribution to reduce CO_2-emissions has to be provided by increased energy efficiency ... The efficiency strategy is preferable under safety and environmental aspects. At least in the Swiss context, it is moreover less expensive and may be less difficult to realize." (Schmid 1989)

Während die Herstellung, die Planung, der Bau und der Betrieb von Anlagen des Energieangebots auf dem Erfahrungsschatz eines Jahrhunderts leitungsgebundener Energiewirtschaft aufbauen kann und von höchst potenten und zentralisierten Anbieterinteressen vorangetrieben wird, steht der "Bau von Einsparkraftwerken"[14], der in der Regel die Entscheidungen einer Vielzahl von Nutzern betrifft, sowohl hinsichtlich der notwendigen Technologien als auch der Methodik noch ganz am Anfang. Für das Umsteuern in eine energieeffiziente Gesellschaft ("Effizienzrevolution") sind unumgänglich

- eine neue Infrastruktur zur systematischen Erschließung ("strategisches Energiesparen") von Energieeinsparpotentialen (Datenbasen für Schlüsseltechnologien und Kosten von NEGAWatts, marktförmige Entscheidungs- und Umsetzungsinstrumente wie z.B. Least-Cost Planning, neue Unternehmensziele von EDU);

- eine grundlegende Neuorientierung von Forschung und Entwicklung, der Ingenieurausbildung und des technischen Weltbildes auf die Nutzungsoptimierung von Energie statt auf die Ausweitung des Energieangebots;

- ein durch die öffentliche Energieaufsicht zu gewährleistender Vorrang von Investitionen in rationellere und regenerative Energienutzung.

---

[14] Vgl. zur Terminologie und Methodik eines "conservation power plant" z.B. die Studie für die "Pacific Gas and Electric Company" (PG&E) von H.Geller et al. (1986).

Entscheidend ist, in welchem Unfang über einen autonomen Markttrend hinaus volkswirtschaftlich kosteneffektive CO_2-Reduktionspotentiale in ein bestehendes Groß-Kraftwerks*system* mit einem hohem AKW-Anteil in der Praxis integriert werden können. Allein schon die einseitige Bindung von volkswirtschaftlichem Kapital, von Forschungskapazitäten, wissenschaftlichem Know How sowie von weltanschaulichen und beruflichen Karrieren an die Atomenergie machen einen energiepolitischen Paradigmenwechsel hin zu einer "sanften" Energiesparpolitik äußerst unwahrscheinlich. Nach wie vor geht z.B. der Löwenanteil der öffentlichen Forschungsgelder (etwa 2/3) in die Atomenergie. Von 1955 - 1988 flossen 36,9 Mrd. DM (=84%) der öffentlichen Fördermittel im Bereich der Energieforschung in die Kernspaltung und -fusion, 2,3 Mrd. DM (=5,2%) in die erneuerbaren Energiequellen und nur 0,8 Mrd. DM (=1,9%) in die rationelle Energieanwendung (vgl. Nitsch u. Luther 1990). Es ist schwer vorstellbar, wie für eine derart einseitig ausgerichtete öffentliche Forschungspolitik sowie für die sie vollziehende Ministerialbürokratien und Großfoschungseinrichtungen ohne eine grundsätzliche Richtungsentscheidung gegen die Atomenergie die Prioritäten umgekehrt werden könnten.

Die notwendige energiepolitische Weichenstellung wird jedoch seit Jahren mit einem gebetsmühlenhaft wiederholten Argumentationsmuster blockiert: Zunächst wird bestritten, daß die vorhandenen technischen Potentiale rationeller Energienutzung auch praktisch umsetzbar sind. Dann wird gesagt: Solange die Alternativen für die Kernkraft nicht praktisch verfügbar sind, könne nicht ausgestiegen werden. Mit einem klassischen Zirkelschluß ist damit "bewiesen": Alles kann bleiben wie es ist.

Im folgenden wird genau die gegenteilige These belegt: Solange und weil aus der Kernenergie nicht ausgestiegen wird, können sich die Alternativen nicht wirtschaftlich durchsetzen, obwohl sie längst technisch verfügbar sind. Der Markt für Energietechniken (wie auch generell der Markt für Umweltschutztechnik) war schon immer und ist in Zukunft verstärkt *ein mit politischen Mitteln geschaffener Markt*. So wie die Atomkraft nur politisch und vor allem mit einem beispiellosen staatlichen Kapitaleinsatz durchgesetzt werden konnte, so brauchen alle energiepolitischen Alternativen zur Kernkraft spezifische politisch gesetzte Rahmen- und Förderbedingungen.

4.6.4 Die Systemzwänge eines atomaren Großverbund-Systems

Die Atomenergie ist mit dem Konzept einer angebotsorientierten, "harten" Energiepolitik untrennbar verbunden. Die Funktionsprinzipien eines Großkraftwerks- und Verbundsystems mit Atomenergie sind für das gesamte - vor allem für das leitungsgebundene - Energiesystem strukturprägend. Dies betrifft z.B. die Einsatzchancen von rationeller Stromnutzung, KWK und Regenerativen direkt. Über die stromseitig beeinflußte Nah- und Fernwärme-Politik werden indirekt aber auch der Marktanteil von Öl,Gas sowie die Einsatzchancen rationeller Wärmenutzung mitbestimmt.

Die immanente Funktionslogik des großtechnischen (atomaren) Großkraftwerks- und Verbundsystems wird durch folgende technische, betriebswirtschaftliche und organisatorische Systemzwänge beherrscht, die eine forcierte Effizienzstrategie unmöglich machen (vgl. Hennicke 1988):

- Die Konzernstrukturen von AKW-Betreibern sind für eine nur örtlich mögliche Mobilisierung vieler CO_2-Reduktionspotentiale (kommunale und industrielle Nah-, Fern- sowie Abwärme, Regenerative und insbesondere Energiesparen) kontraproduktiv. Deren Realisierung verlangt eine kleinräumige Erfassung und Umsetzung durch kommunale/regionale Energiekonzepte. Ein großer Stromverkäufer wie z.B. die PREAG hat daran kein Interesse. Eher schon eine von PREAG belieferte Stadt wie Bremen. Nach Studien des "Bremer Energiebeirats" könnten hier durch eine Effizienzstrategie bis 2010 etwa 40% CO_2 eingespart, 1800 Dauerarbeitsplätze geschaffen und dennoch der Gewinn der Stadtwerke gesteigert werden (vgl. Bremer Energiebeirat 1989).

- Die fixkostenintensive Kostenstruktur von Atomkraftwerken zwingt betriebswirtschaftlich zu ständiger Vollauslastung. Dadurch besteht ein hoher ökonomischer Anreiz, Absatzmärkte aggressiv zu erobern und zu verteidigen, d.h. die Ausschöpfung von Energiesparpotentialen durch die Kunden oder den Marktzutritt für Newcomer (für Heizkraftwerke und Regenerative) zumindest nicht aktiv zu fördern.

- Die langen unflexiblen Planungs- und Bauzeiten für Großkraftwerke (ohne simultane offensive Einsparplanung und -förderung) und die wegen der Blockgrößen notwendig angehobenen Reservemargen (25% statt 10%) verstärken den systemimmanenten Trend zu Überkapazitäten und zu höheren (als bei dezentraler und rationellerer Stromerzeugung notwendigen) Kapazitätszuwächsen.

- Leichtwasserreaktoren (LWR) sind im großen Maßstab nur für reine Stromerzeugung und nur in der Grundlast wirtschaftlich einsetzbar. Auch der nach Betreiberzahlen errechnete Kostenvorsprung von Atomstrom gegenüber Steinkohlestrom (reine Stromerzeugung) verkehrt sich ab einer Ausnutzungsdauer von unter 4000 Stunden ins Gegenteil. LWR sind daher nur für den sehr geringen Anteil des stromspezifischen Endenergieverbrauchs (ca. 8% für Licht, Antrieb, Kommunikation und einige Formen von Prozeßenergie z.B. Elektrolyse) und keinesfalls für den weit überwiegenden, aber auf den Winter begrenzten Wärmebedarf eine wirtschaftlich in Frage kommende CO_2-Reduktionstechnik. Jede Kilowattstunde Atomstrom bedeutet zudem tendenziell die Verhinderung von Heizkraftwerken, die - nach der Effizienzsteigerung - die wirtschaftlichste Form der CO_2-Reduktion durch gleichzeitige Erzeugung von Strom- und Nah- bzw. Fernwärme darstellen.

4.6.5 Kein rentabler "Platz" für wirtschaftliche CO_2-Minderung

Eine mehrheitsfähige Klimastabilisierungspolitik muß die jeweiligen grundlegenden energiewirtschaftlichen Rahmenbedingungen berücksichtigen. Hierzu zählt in der Bundesrepublik vor allem die Frage, wie in einen schon jetzt weit überdimensionierten Kraftwerkspark im großen Umfang CO_2-Reduktionspotentiale wirtschaftlich integriert werden können und wie die zukünftige Form (KWK oder nur Verstromung) des Kohleeinsatzes aussehen soll. Denn für mindestens ein Jahrzehnt ist auf dem "Strommarkt" kein (rentabler) Platz für die Markteinführung innovativer CO_2-Reduktionstechnologien (Effizienz, Regenerative, HKW) im großen Stil, solange nicht ein Teil der Angebotskapazität stillgelegt wird. Die insbesondere durch den AKW-Ausbau und den Jahrhundertvertrag systematisch verursachten Stromüberkapazitäten (mindestens 10 GW) wirken de facto als Investitionsblockade auch wirtschaftlicher CO_2- Reduktionstechniken. Dies zeigt ein Blick auf den "Strommarkt 2000" (vgl. Abb. 2):

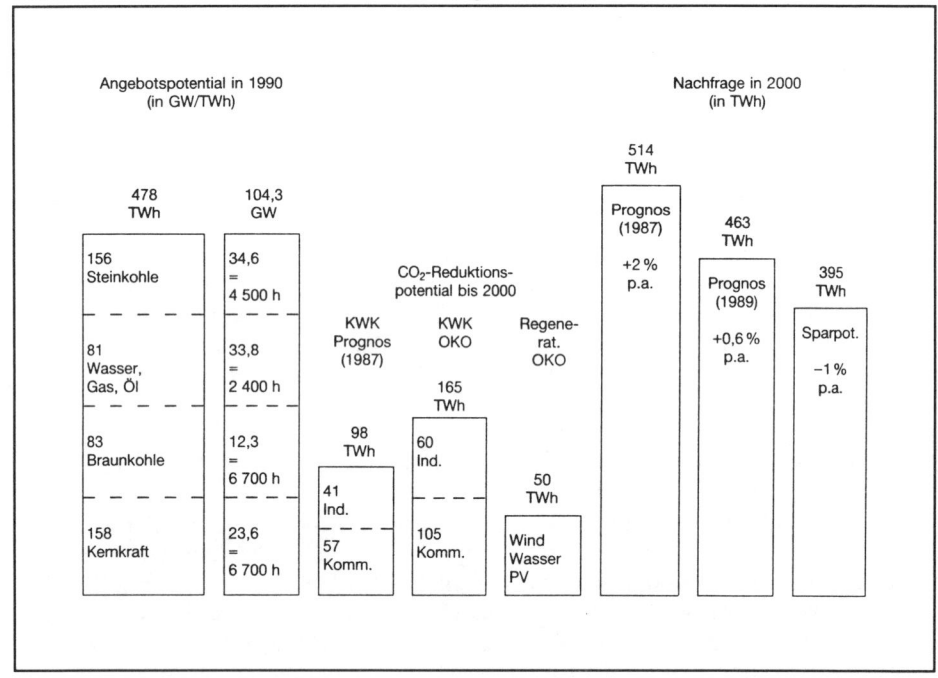

Abb. 2. Die Situation auf dem Strommarkt zwischen 1990 und 2000
Quelle: Prognos (1987); Prognos/ISI (1989)

Das Schaubild zeigt, daß

- die im Jahr 1990 installierte Kraftwerksleistung (brutto; nach Prognos/-ISI/1989) ausreicht für eine Stromnachfrage von 463 TWh (Status-Quo) in 2000 und zur Befriedigung dieser Nachfrage nur Ersatzinvestitionen notwendig sind;

- für die umfangreichen CO_2-Reduktionspotentiale (Stromsparen, KWK, Regenerative) ceteris paribus keine rentable Verwertungsmöglichkeit besteht.

Im Gegenteil dominiert bei den Betreibern dieses überdimensionierten Kraftwerksparks ein starkes betriebswirtschaftliches Motiv, Stromsparmaßnahmen zu behindern und den Marktzutritt für Newcomer zu erschweren (z.B. durch prohibitive Einspeisebedingungen und Lockvogelangebote in Liefer- und Konzessionsverträgen).

Dies kommt auch in einer VDEW-Modellrechnung zum CO_2-Problem zum Ausdruck, nach der sich die Elektrizitätswirtschaft "nach sorgfältiger Prüfung" bis zum Jahr 2005 nur zu einer Senkung von 12% CO_2 (bezogen auf 1988) in der Lage sieht; bezeichnend ist, daß dies Ergebnis insbesondere durch "optimale Ausnutzung" bestehender Atomkraftwerke (+21 TWh) und nur sehr beschränkt durch den Ausbau von KWK (Fernwärme +2% p.a.) und der Regenerativen (rd. 6 TWh) erzielt wird (vgl. VDEW 1990).

Wird an der Atomenergie festgehalten, ist also auch das Reduktionsziel der EK (30%ige CO_2-Reduktion bis zum Jahr 2005) in Frage gestellt, weil bei konstanter und maximal ausgenutzter Atomenergie-Kapazität (dies schließt bis 2005 auch den Neubau von AKWs als Ersatzbedarf ein) die entscheidende ökonomische Entwicklungsdynamik für einen Investitionsschub bei einigen zentralen CO_2-Reduktionspotentialen (Stromsparen, KWK, Regenerative) fehlt. Dies gilt natürlich in potenzierter Form für den Atomenergie-Ausbau.

Insbesondere der erforderliche Übergang zur Solarenergiewirtschaft wird nur dann rasch erfolgen und eine erfolgreiche Entwicklungsdynamik entfalten, wenn vorausgesetzt werden könnte, daß er von einer sehr großen und "lokalen " Gruppe von Investoren getragen wird:" Zunächst würden die als "lokal" bezeichneten Potentiale erneuerbarer Energiequellen erschlossen, da sie sich im wesentlichen in die heutige Siedlungsstruktur und die vorgegebenen Energieversorgungsstrukturen einfügen, sie nutzen und jeweils passend "vor Ort" die Nachfrage nach anderen Energieträgern reduzieren. Erst wenn sich diese Technologien in einem gewissen Ausmaß erfolgreich etabliert haben, wird man auch die großflächige Nutzung erneuerbarer Energiequellen in Betracht ziehen. Diese "lokale" Nutzung würde der jetzigen Energieversorgungsstruktur bedeutende dezentrale Elemente hinzufügen...und die Rolle der Kommunen bei der Gestaltung der zukünftigen Energieversorgung beträchtlich aufwerten" (Nitsch u. Luther 1990:768). So überzeugend das von Nitsch/Luther vorgetragene *systemtechnische* Plädoyer für einen vorrangig lokalen Übergang zur Sonnenenergie-Wirtschaft ist, sucht man doch vergeblich nach einer *energiewirtschaftlichen* Begründung dafür, daß all dies sich problemlos "in die vorgegebenen Energieversorgungsstrukturen einfügen" könnte. Wie direkt diese Frage z.B. mit einer Richtungsentscheidung gegen die Atomenergie verknüpft ist, sei am Beispiel der Photovoltaik gezeigt: Haupthemmnis für die umfassende Markteinführung von PV-Anlagen in der Bundesrepublik sind die hohen Stromgestehungskosten von etwa 1,60 - 2,20 DM/kWh. Nach Studien der Enquete-Kommission könnten die Stromgestehungskosten bis zum Jahr 2005 auf 23 - 30 Pf/kWh sinken, wenn es gelänge, die Produktionskapazitäten auf 1000 - 3000 MW auszubauen (vgl. Bölkow et al. 1989). Die gegenwärtige Produktionskapazität in der Bundesrepublik beträgt etwa 6 MW und die Produktion etwa 1-2 MW. Es kann wohl ausgeschlossen werden, daß Siemens/KWU als größter Hersteller sowohl von Atom- als auch von PV-Anlagen einen derartigen riskanten Kapazitätsausbau für PV-Anlagen beschließen wird, wenn die politischen Signale aus Bonn nicht eindeutig gegen ein Verbleib im Atomgeschäft und gegen die zu Zeit noch erhoffte "Renaissance" der Atomenergie gestellt werden. Auch die Hersteller von Windkraftanlagen und von dezentralen Heizkraftwerken sowie von Stromspartechniken brauchen im Grunde eine derartige unzweideutige Weichenstellung für ihre Kapazitätsausbauplanung.

4.6.6 Ausstieg aus der Kohle, statt aus der Atomenergie?

Szenarien, die eine Klimastabilisierungspolitik mit der Fortschreibung der derzeitigen AKW-Kapazität oder gar mit einem AKW-Ausbau verbinden wollen, rechnen häufig implizit mit einer stärkeren Kohleverdrängung als bei einem Ausstieg. Dies gilt inbesondere für die Verdoppelungsvariante, die von der VDEW in die Diskussion gebracht worden ist (vgl. auch Grawe 1989): "Wer rationelle Energieverwendung nicht ernst nimmt, wer die regenerativen Energien vernachlässigt oder auf den *Ausbau* (H.d.V.) der Kernenergie verzichten will, wird der Verantwortung nicht gerecht". Denn, so wird zur Atomenergie weiter behauptet:"International *und national* (H.d.V.) könnte ihre Beitrag in den nächsten 20 - 25 Jahren durchaus verdoppelt werden..." (Grawe 1989). Was dabei verschwiegen wird: Eine Verdoppelung der atomaren Grundlast-Kapazität (auf dann rd.48 GW) in diesem Zeitraum ist nur realisierbar, wenn weitgehend und relativ rasch aus der Braunkohleverstromung (rd. 11 GW) und/oder aus einem wesentlichen Teil der Steinkohleverstromung (rd.13 GW von rd.25 GW SK + Mischfeuerung) ausgestiegen würde.

Das Argument der bestehenden Investitionsblockade wird daher von Prof. Grawe implizit gegen die Kohle "umgedreht": Nur der (weitgehende) Ausstieg aus der Kohle schafft Ausbaumöglichkeiten für die Atomenergie und damit weniger CO_2. Auf dem Papier ist dieses Argument so evident wie trivial. Tatsächlich wäre diese Strategie jedoch weder aus Gründen der CO_2-Minderung notwendig, noch gegen Bergleute und Anti-Atombewegung anders als mit Zwangsmitteln durchsetzbar. Vor allem wäre dies auch volkswirtschaftlich sowie industrie- und foschungspolitisch eine wenig attraktive CO_2-Minderungsstrategie:

(a) Die industrie-und forschungspolitisches Argumente wurden erstmalig in der genannten Prognos-Studie (1987) analysiert. Dabei wurde unterschieden nach

- eher wirtschaftszweigspezifischen Auswirkungen, z.B. entfallen nach einem Ausstieg für die beteiligten Industriezweige Demonstrations-und Qualifikationsprojekte, und

- den generell industriepolitischen Auswirkungen, z.B. entfallen durch den Kernenergieverzicht technologische Innovationsanstöße auf andere Branchen (spin-off und spill-over-Effekte).

Bei einer Abwägung der wirtschaftsspezifischen Auswirkungen eines Szenarios mit oder ohne Kernenergie kommt Prognos insbesondere hinsichtlich der Exportmärkte zu dem Ergebnis: "Was die Exportchancen deutscher Kraftwerkshersteller angeht, wird damit klar, daß die entscheidenden Zukunftsmärkte eher im Produktionsbereich "konventionelle, rationelle Erzeugungsanlagen" und im Bereich "angepaßte dezentrale Anlagen zur Nutzung regenerativer Energien" ... liegen werden. Ein Verzicht auf die Kernenergie in der Bundesrepublik trifft damit, was die Exportchancen der Kraftwerkshersteller angeht, auf ein ohnehin kleines Potential. Beeinträchtigungen in diesem Bereich können durch den Zugewinn der oben genannten Art überkompensiert werden." (Prognos AG 1987:522)

Die vergleichende Abwägung der "Innovationsakzeleratorwirkung" eines Szenarios mit und ohne Kernenergie hat zum Ergebnis: "Geht man von der Vielfalt und der möglichen Zahl von Innovationsanstößen aus, so zeigt sich, daß die energiepolitische Strategie, die auf eine rationelle Energieerzeugung und -verwendung unter Vermeidung der Kernkraftnutzung setzt, ein höheres Potential an Innovationsanstößen enthält. Der Zwang zur Nutzung unterschiedlichster Primärenergien ebenso wie die breiten Anstöße zur Entwicklung neuer Prozesse und Formen in der Energieeinsparung machen dies deutlich." (Prognos AG 1987:531)

Diese positiven spin-off und spill-over-Effekte einer neuen klima- und umweltverträglicheren Technologiebasis in der Bundesrepublik und ihre Bedeutung auch für die Exportmärkte - insbesondere auch für die 3. Welt und für die Schwellenländern - werden viel zu häufig übersehen. Im Gegensatz zu den technisch und wirtschaftlich auch unter günstigsten Bedingungen stets sehr beschränkten Atomtechnologie-Märkten, werden die Märkte für energieeffiziente Technologie, für relativ umweltverträgliche Kohle-HKWs sowie für Wind- und Solarenergie fast universell in der 3. Welt expandieren; ein Technologietransfer in Länder wie z.B. China und Indien mit den modernsten Kohlenutzungstechniken bildet wahrscheinlich sogar eine conditio sine qua non für eine erfolgversprechende Klimastabilisierungspolitik (siehe oben). Ein "technologischer Fadenriß" bei der Entwicklung der effizientesten und relativ umweltfreundlichen Kohlenutzungtechniken durch einen weitgehenden Kohleausstieg im traditionellen Kohleland BRD wäre daher indirekt für die 3. Welt unvergleichlich folgenreicher als der Verzicht auf die für die 3. Welt ohnehin nicht finanzierbare Atomenergie.

(b) Es muß davon ausgegangen werden, daß bei einer starken und kurzfristigen Zurückdrängung der Stein- und Braunkohle erhebliche negative Effekte auf Arbeitsmarkt und Regionalwirtschaft zumindest in den "Kohleländern" NRW und Saarland auftreten würden. Selbst ein allmähliches Zurückfahren der Fördermengen auf die von der Mehrheit der Mikat-Kommission[15] vorgeschlagene Fördermenge von 55 Mio. t (bzw. 35 Mio. t zur Verstromung) führt bereits zu erheblichen Anpassungsverlusten. Sowohl bei einer Status-Quo-Variante als auch insbesonder bei einer Ausbau-Variante würden jedoch die Steinkohlemengen deutlich unter die Mikat-Empfehlung absinken. Vor allem würde mit einem weitgehenden Ausstieg aus der Kohle die Option "focierter Ausbau der Nah-und Fernwärme" auf der Basis relativ umweltfreundlicher neuer Kohle-Heizkraftwerkstechnik (Wirbelschicht; GuD) zumindest erheblich behindert.

Beim Ausstieg aus der Atomenergie wären dagegen nach dem Prognos- Szenario (1987) die wirtschaftlichen Auswirkungen eines Kernenergieverzichts "klar positiv zu bewerten", denn bis zum Jahr 2000 stiege "das Beschäftigungsniveau anhaltend (über 35) Jahre um netto 90000 bis 135000 Arbeitsplätze" (Prognos AG 1987:9). Ein weitgehender Kohleausstieg und Ausbau von AKWs bedeutete dagegen zusätzlich zur Steigerung der atomaren Risiken eine Strukturkrise für die Kohlereviere und eine kostenaufwendigere Strombeschaffung durch den Verzicht auf KWK-Kohlestrom zugunsten teurerer Atomkraftwerke.

Ein hochriskantes Kohleausstiegs- und Atomausbau-Szenario ist also für die Bundesrepublik weder eine volkswirtschaftlich sinnvolle, noch eine zur CO_2-Minderung notwendige Energiestrategie. Im Gegenteil: Der Einsatz von Kohle (und Gas) in Heizkraftwerken und nicht die Atomenergie ist die klima-, umwelt- und sozialverträglichere Übergangstechnologie zur Sonnenenergie-Wirtschaft.

---

[15]Vgl. Bergbau Informationen vom 18.Juni 1990.

Literatur

Bach, W. (1990) Emissionszenarien; zur Aufnahme in den 3.Zwischenbericht der Enquete-Kommission "Vorsorge zum Schutz der Erdatmosphäre" erstellte und bisher unveröffentliche Vorlagen vom 26. Juni 1990.

BMU (1990) Bundesumweltministerium et al., Zielvorstellung für eine erreichbare Reduktion der CO_2-Emissionen, Kabinettsvorlage, Bonn 13.6.1990.

BMU (1990) Bundesministerium für Umwelt, Naturschutz und Reaktorsicherheit, Zweite Konferenz der Vertragsstaaten zum Montrealer Protokoll vom 16.9.1987, Arbeitsunterlage 11/401 der Enquete-Kommission "Vorsorge zum Schutz der Erdatmosphäre".

Bölkow, L.; Meliß, M.; Ziesing, H.J. (1989) Erneuerbare Energiequellen, Bericht der Koordinatoren zum Studienschwerpunkt A 2, bisher unveröffentlichte Studie im Auftrag der Enquete-Kommission "Vorsorge zum Schutz der Erdatmosphäre", Berlin, Jülich, München.

Bremer Energiebeirat (1989) Abschlußbericht, sowie Materialien zum Abschlußbericht, Bd.V, "Die Stadtwerke Bremen AG als zukunftorientiertes Energiedienstleistungsunternehmen", Bremen.

Brohmann, B.; Fritsche, U.; Leprich, U (1989) Energiedienstleistungsunternehmen und Least-Cost Planning, Kurzstudie im Auftrag der Enquete-Kommission "Vorsorge zum Schutz der Erdatmosphäre", Darmstadt-Freiburg.

Bundesrat (1990) Bundesrat-Drucksache, Mitteilung der Kommission der EG an den Rat über "Energie und Umwelt", KOM(89), 369 end., Ratsdok. 4809/90, Bundesratsdrucksache 162/90.

Cavanagh, R. (1987) Least-Cost Planning Imperatives for Electric Utilities and their Regulators, in: Harvard Environmental Review 10.

Deutscher Bundestag (1990a), Antrag Fraktion Die GRÜNEN, Rekommunalisierung und Demokratisierung der Energieversorgung (Neuordnung der Energiewirtschaft und Novellierung des Energierechts), Bundestagsdrucksache 11/6484 vom 14.2.1990.

Deutscher Bundestag (1990b) Gesetzentwurf der Fraktion der SPD - Entwurf eines Energiegesetzes, Bundestagsdrucksache 11/7322 vom 1.6.1990.

DIW et al. (1990) Deutsches Institut für Wirtschaftsforschung (DIW), Institut für Landes-und Stadtentwicklung (ILS), Institut für Straßen- und Verkehrswesen, Konzeptionelle Fortentwicklung des Verkehrsbereichs, Bericht für die Enquete-Kommission "Vorsorge zum Schutz der Erdatmosphäre" (bisher unveröffentlichter Entwurf), Berlin, Dortmund, Stuttgart.

DMG/DPG (1987) Deutsche Metereologische Gesellschaft (DMG)/Deutsche Physikalische Gesellschaft (DPG), Warnung vor drohenden weltweiten Klimaveränderungen durch den Menschen, Bad Honnef.

Ebel, W. et al. (1990) Energieeinsparpotentiale im Gebäudebestand, Institut Wohnen und Umwelt, Darmstadt.

Ebel, W. Stromverbrauch im Haushalt, Energieeinsparpotentiale, Wirtschaftlichkeit und zukünftige Entwicklungsmöglichkeiten, Darmstadt.

Edmonds et al. (1990) Estimating the Marginal Cost of Reducing Global Fossil Fuel CO_2-Emissions, Pacific Northwest Laboratory, Washington, DC, June 1990.

Elektrowatt AG (1989) Elektrowatt Ingenieurunternehmen AG, Untersuchungen im Zusammenhang mit dem Luftreinhalte-Konzept des Bundesrates und zusätzliche Maßnahmen zur Reduktion der Luftverschmutzung, Schlußbericht, Band II: Anhänge 1-5, Zürich.

Enquete-Kommision Erdatmosphäre (1988) Enquete-Kommission "Vorsorge zum Schutz der Erdatmosphäre", Zwischenbericht, Deutscher Bundestag, Referat Öffentlichkeitsarbeit, Zur Sache - Themen parlamentarischer Beratung, 5/1988, Bonn.

Enquete-Kommision Erdatmosphäre (1990) Enquete-Kommission "Vorsorge zum Schutz der Erdatmosphäre", Dritter Bericht zum Thema Schutz der Erde, Bundestagsdrucksache 11/8030 vom 2.10.1990.

Enquete-Kommission Technikfolgen (1989) Enquete Kommission "Technikfolgen-Abschätzung und Bewertung", Bedingungen und Folgen von Aufbaustrategien für eine solare Wasserstoffwirtschaft, Stuttgart.

Enquete-Kommission Kernenergie (1980) Enquete Kommission "Zukünftige Kernenergie-Politik", Bundestagsdrucksache 8/4341, Bonn.

Esso (1989) Energie Sparen - Umwelt Schonen, Hamburg.

Feist, W. (1986) Wirtschaftlichkeit von Maßnahmen zur rationellen Nutzung von elektrischer Energie im Haushalt, Darmstadt.

Fritsche, U.; Rausch, L.; Simon, K.H. (1989) Umweltwirkungsanalyse von Energiesystemen: Gesamt-Emissions-Modell Integrierter Systeme (GEMIS), Darmstadt/Kassel.

Fritsche, U.; Kohler, S. (1990) Das CO_2-optimierte GRÜNE Energiewende-Szenario 2010,Freiburg/Darmstadt.

Fritsche, U.; Kohler, S.; Viefhues, D. (1988) Das grüne Energie-Szenario. Endbericht im Auftrag der Fraktion der GRÜNEN im Deutschen Bundestag, Bremen, Darmstadt, Freiburg.

Geller, H. et al. (1986) Residential Conservation Power Plant Study, American Council for an Energgy-Efficient Economy, Washington, DC.

Goldemberg, J. et al. (1988) Energy for a Sustainable World, New Dehli.

Grawe, J. (1989) Lösungsstrategien im Energiebereich für die befürchteten globalen Klimaänderungen. In: Crutzen, P.J.; Müller, M., Das Ende des blauen Planeten? München.

Greenpeace Schweiz (1990) Der "Atompfad" führt in die Klimakatastrophe. Eine Literaturrecherche und weiterführende Berechnungen von A. Biedermann, Zürich.

Grieshammer, R.; Hennicke, P.; Hey, C.; Kalberlah, F. (1989) Ozonloch und Klimakatastrophe, Hamburg.

Hennicke, P. (1988) Schließt eine Strategie des Kernenergie-Einsatzes eine Strategie der regenerativen und rationellen Energienutzung aus oder fördert sie diese bzw. ergänzen sich beide? Arbeitsunterlage 11/189 vom 21.11.1988, Enquete-Kommission "Vorsorge zum Schutz der Erdatmosphäre", Bonn.

Hennicke, P.; Johnson, J.; Kohler, S.; Seifried, D. (1985) Die Energiewende ist möglich, Frankfurt.

Hennicke, P.; Spitzley, H. (1990) Stadtwerke der Zukunft als Instrument einer CO_2-Reduktionspolitik - Energiedienstleistungsunternehmen und "Least-Cost Planning" am Beispiel Bremen. In: Memo-Forum, Nr.16, Bremen Mai 1990.

Hennicke, P. (1989) Least Cost-Planning: Methode, Erfahrungen und Übertragbarkeit auf die Bundesrepublik, in: ZfE 2.

Hennicke, P.; Müller, M. (1989) Die Klimakatastrophe, Bonn.

Herrpich, W.; Zuchtriegel, T.; Schulz, W. (1989) Least-Cost Planning in den USA, München.

IIASA (1981) Energy in a Finite World: A Global System Analysis, 2 Bände, Cambridge, MA.

IIASA (1982) Die zukünfige Nutzung der Sonnenenergien Westeuropa, BMFT-Projekt ET 4359 A, Laxenburg.

IPCC (1990) Policy Makers Summary of the Scientific Assessment of Climate Change, June 1990.

ISI/Prognos AG (1989) Die energiewirtschaftliche Entwicklung in der Bundesrepublik Deutschland bis zum Jahr 2010. Kurzfassung, Basel.

Johannson, T.B.; Bodlund,B.; Williams, R.H. (1989), eds., Electricity-Efficient End-Use and New Generation Technologies and Their Planning Implications, Lund University Press.

Keepin, B.; Kats, G. (198) Greenhouse Warming: A Rationale for Nuclear Power?, Rocky Mountain Institute, Snowmass.

Kohler, S.; Leuchtner, J.; Müschen, K. (1987) Sonnenenergie-Wirtschaft, Frankfurt.

Krause, F. et al. (1988) Energy and Climate Change: What Can Western Europe Do? Projekt mit Unterstützung des Dutch Ministry of Housing, Physikal Planning an Environment (Draft). European Environmental Bureau, Brüssel.

Krause, F.; Bach, W.; Koomey, J. (1989) Energy Policy in the Greenhouse, International Project for Sustainable Energy Paths (IPSEP), El Cerrito.

Leonhardt, W.; Klopfleisch, R.; Jochum, G. (Hg.), Kommunales Energie-Handbuch, Karlsruhe.

Wirtschaftsministerkonferenz (1989) Wirtschaftsministerkonferenz vom 14./15.9.1989; zitiert nach Arbeitsunterlage 11/366 der Enquete-Kommission "Vorsorge zum Schutz der Erdatmosphäre", Bonn.

Lovins, A.; Lovins, H.; Krause, F.; Bach, W. (1983) Wirtschaftlichster Energieeinsatz: Lösung des CO_2-Problems, Karlsruhe.

Müller-Reißmann, K.F.; Schaffner, J. (1986) Stromversorgung ohne Kernenergie? Konsequenzen des Kernenergieausstiegs, ISP, Hannover.

NARUC (1988) National Association of Regulatory Utility Commissioners, Least-Cost Utility Planning. A Handbook for Public Utility Commissioners. Prepared by F. Krause und J. Eto, Washington, D.C. and Berkeley.

Nitsch, J.; Luther, J. (1990) Energieversorgung der Zukunft, Berlin.

Prognos AG (1987) Rationelle Energieverwendung und -erzeugung ohne Kernenergienutzung: Möglichkeiten sowie energetische, ökologische und wirtschaftliche Auswirkungen. Im Auftrag des MWMT, Düsseldorf.

Schefold, B. (1987) Szenarien zum Ausstieg aus der Kernenergie, Studie im Auftrag des Hessischen Ministers für Wirtschaft und Technik, Wiesbaden.

Schmid, H.L. (1989) Swiss Energy Scenarios: Technologies and Strategies and their Impact on CO_2-Emissions, IEA/OECD Expert Seminar on Energy Technologies for Reducing Emissions of Greenhouse Gases, Paris, 12th- 14th April 1989.

Schmidbauer, B. (1990) Presseerklärung vom 19.1.1990, Enquete- Kommission "Vorsorge zum Schutz der Erdatmosphäre", Bonn.

Stumpf, H.; Windorfer, E. (1984), Fernwärme in der Bundesrepublik Deutschland. Hindernisse für ihre Förderung, WIBERA, Düsseldorf.

Traube, K. (1987) Wirtschaftlichkeit der Kraft-Wärme-Koppelung und Hindernisse für ihren Ausbau durch kommunale Versorgungsunternehmen; im Auftrag des Ministeriums für Wirtschaft, Mittelstand und Technologie, Nordrhein-Westfalen, Hamburg.

VDEW-Argumente (1990) Potentiale zur CO_2-Minderung in der Elektrizitätswirtschaft. Stellungnahme der VDEW, Fankfurt 14.2.1990.

Wibera (1988) Wirtschaftsberatungsgesellschaft AG, Enquete zur Übernahme von Netzen und Anlagen der öffentlichen Elektrizitätsversorgung durch Gemeinden, Düsseldorf.

World Energy Conference (1989) Global Energy Perspectives 2000-2020.

Diskussion zum Beitrag Hennickes

(Zusammenfassung durch H. Borchers, A. Föller und B. Hedderich)

Die Diskussion konzentrierte sich auf vier Themenbereiche:
(a) Vermeidung von Schlupflöchern bei Maßnahmen zur Eindämmung der Emission klimarelevanter Gase
(b) Zielkonflikt: Wirtschaftswachstum und Energieeinsparung
(c) Hemmnisse bei der Umsetzung von konsequentem Energiesparen
(d) Zielkonflikt: Bedürfniswachstum und Energiesparen

(a) Vermeidung von Schlupflöchern bei Maßnahmen zur Eindämmung der Emission klimarelevanter Gase

Regelungen zur Eindämmung der Emissionen klimawirksamer Gase müssen so ausgestaltet sein, daß eine Auslagerung der Produktion dieser Umweltrisiken (z.B. FCKW-Produktion in der Dritten Welt) nicht möglich ist. Deshalb hält Hennicke international verbindliche Abkommen für erforderlich. Darüberhinaus ist auch das öffentliche Anprangern von Unternehmen, die heute aufgrund des Fehlens solcher Abkommen Anlagen exportieren, die nicht dem Stand der Technik entsprechen, geboten.

(b) Zielkonflikt: Wirtschaftswachstum und Energieeinsparung

Hennicke betont, daß zwischen den Zielen Wirtschaftswachstum und Energieeinsparung kein direkter Konflikt besteht, da seit etwa zwanzig Jahren in der Bundesrepublik Wirtschaftswachstum bei relativ konstantem Energieverbrauch realisierbar ist. Insofern kann von einer Entkoppelung der beiden Größen gesprochen werden. Allerdings hält Hennicke den bisherigen Grad der Entkoppelung noch nicht für ausreichend. Dies liegt zum Teil auch an der einseitigen Orientierung am Ziel des quantitativen Wachstums. Eine Umorientierung hin zum Ziel qualitatives Wachstum bei sinkendem Energieverbrauch ist erforderlich.

(c) Hemmnisse bei der Umsetzung von konsequentem Energiesparen

Eines der Haupthemmnisse, das konsequentem Energiesparen entgegensteht, sind die enormen Überkapazitäten auf der Angebotsseite bei der Stromerzeugung. Diese liegen, je nachdem, was als Reservekapazität für nötig gehalten wird, zwischen 25 und 40 Prozent über der Jahresspitzennachfrage. Aufgrund dieser Überkapazitäten haben die Energieversorgungsunternehmen kein Interesse, Stromeinsparungen zu forcieren, da diese die Auslastung der Anlagen zusätzlich noch verschlechtern. Eine wichtige Rolle bei der Nutzung der Energiequelle "Energiesparen" spielen die Stadtwerke auf kommunaler Ebene. Um die dort liegenden Potentiale optimal ausschöpfen zu können, muß allerdings eine Umorientierung bzgl. der Unternehmenszielsetzung erfolgen. Die Stadtwerke dürfen sich nicht mehr nur als Produzenten bzw. Verkäufer der Ware Strom verstehen, sondern als Anbieter von Energiedienstleistungen, wie z.B. Raumwärme, Arbeitsplatz- oder Wohnraumbeleuchtung etc., d.h. die kommunalen Versorger müßten als Unternehmen diversifizieren - ein betriebswirtschaftlich normaler Vorgang, wie Hennicke betont - und Dienstleistungspakete anbieten, die die Ware Energie nur als einen Bestandteil neben anderen beinhalten. Durch diese Diversifizierung z.B. in den Gerätebereich und das daraus resultierende Paketangebot ist es auch möglich, den Ertragsausfall durch den Rückgang des Stromverkaufs auszugleichen.

(d)   Zielkonflikt: Bedürfniswachstum und Energiesparen

Die stetig wachsenden Bedürfnisse der Verbraucher stellen zwar sicherlich ein Problem dar, aber Hennicke geht davon aus, daß die Energiesparpotentiale im Haushaltsbereich weit über dem Anwachsen "energiefressender" Bedürfnisse liegen. Darüberhinaus lassen sich auch Sättigungsgrenzen beobachten, z.B. bei der Geräteausstattung eines Haushaltes, d.h. ein gegebenes Ausstattungsniveau kann effizienter in Bezug auf den Energieverbrauch gestaltet werden. Darüberhinaus ist auch eine Debatte über den energieintensiven Lebensstil notwendig. Dies muß allerdings ein gesellschaftlicher Prozeß sein, weil der Einsatz politischer Druckinstrumente in diesem Bereich mit zu vielen Einschränkungen der individuellen Freiheiten verbunden ist.

Kommunale Energieinitiativen gegen die Klimakatastrophe am Beispiel der EUROSOLAR-Regionalgruppe Mainz-Wiesbaden

Von Martin Frenzel und Richard Auernheimer

Wir versuchen in Kürze etwas über EUROSOLAR, der "Vereinigung für das solare Energiezeitalter", zu sagen. Wir werden in einem ersten Teil allgemein über die Bundes- und europäische Ebene von EUROSOLAR sprechen, vor allem über die Zielsetzungen und Schwerpunkte der Arbeit von EUROSOLAR; daran anschließend werden wir eine Bewertung und Einschätzung der gegenwärtigen energiepolitischen Situation abgeben und einen Ausblick auf zukünftige Entwicklungen entwerfen. Im zweiten Teil wird es um die konkrete Arbeit der Regionalgruppe vor Ort in Mainz-Wiesbaden gehen. In einem dritten und letzten Teil wollen wir Zielsetzungen für die Kommunalpolitik benennen und das Memorandum vorstellen.

EUROSOLAR, die "Vereinigung für das solare Energiezeitalter", wurde im August 1988 in Bonn gegründet. Dieser gemeinnützige, überparteiliche Verein kämpft inzwischen auf internationaler, europäischer, nationaler und kommunaler Ebene für die drei Ziele des solaren Energiezeitalters:

1. für energiesparende Stromgewinnung und -nutzung
2. für rationelle Energietechnik und -nutzung
3. für die Markteinführung der solaren Energien ebenso wie für die Markteinführung von solarem Wasserstoff als einer Form der Speicherung und Verwendung solarer Energie.

EUROSOLAR unterscheidet sich insofern von Vereinen wie der Deutschen Gesellschaft für Sonnenenergie (DGS), als sie sich für die klare Ablehnung der Atomenergie ausspricht. Sie unterscheidet sich von Einrichtungen wie dem Öko-Institut darin, daß neben den kleintechnischen Lösungen die Notwendigkeit einer globalen Energieversorgung gesehen wird.

Energiepolitik wird die Schlüsselfrage der kommenden beiden Jahrzehnte sein. Sie muß heute die Lösungen bis zum Jahr 2010 vorausdenken.

EUROSOLAR lehnt den harten Energiepfad der Atomenergienutzung - auch in Kombination mit anderen Energieträgern - ab. Es geht nicht um eine additive Strategie, sondern ausdrücklich um eine substitutive Strategie, die den Einsatz von Atomenergie in Zukunft vermeidet bzw. verhindert.

Wir kämpfen stattdessen für eine solare Energieordnung. Dazu gehört nach Ansicht von EUROSOLAR auch die Option der solaren Wasserstoffwirtschaft.

Eine Perspektive, die in den reichen Industrieländern dezentrale Energiesysteme vorsieht, aber den armen Süden nicht berücksichtigt, halten wir in diesem Zusammenhang nicht für vertretbar.

EUROSOLAR versteht sich als Schrittmacher für eine solare Energiewirtschaft im globalen Maßstab und mit dem Auftrag, die Ungleichheiten zwischen Nord und Süd auszugleichen.

Dabei sehen wir eine herausragende Verantwortung der hochentwickelten Industriegesellschaften gegenüber der Dritten Welt, aber auch gegenüber den Ländern Osteuropas einschließlich der Sowjetunion.

Angesichts des weltweit steigenden Energiebedarfs, angesichts der Bedeutung, die die Wahl der Energiequellen und der Energieträger sowie die Wahl der Strukturen für die Umwelt und den Frieden in der Welt haben, schlägt die Stunde der erneuerbaren und solaren Energien. Darunter verstehen wir von EUROSOLAR Sonnenkraft, Wasserkraft, Windkraft, alle regenerativen Energien die die Sonnenenergie direkt und indirekt nutzen. Der Umgang der Menschheit mit unerschöpflichen solaren Energien ist dabei für uns keine utopische Vision, sondern technisch und wirtschaftlich umsetzbare, machbare Realität.

Das solare Energiezeitalter ist heute eine reale Vision. Allerdings muß mit voller Kraft begonnen werden, damit morgen diese unerschöpfliche, umweltverträgliche und risikoarme Energie zur Verfügung steht.

Unsere Vision lautet, daß wir ab dem Jahr 2025 den Energiebedarf der Menschheit mit solarer Energie decken können, wenn wir jetzt damit beginnen, die Strukturen und Techniken dafür zu schaffen. Das ist das Zukunftskonzept von EUROSOLAR.

Diese konkrete Utopie einer Energieversorgung von morgen hätte - basierend auf drastischer Energieeinsparung und Nutzung effizienter Energietechniken - auch eminent politische Auswirkungen: Die Energiekrisen gehörten der Vergangenheit an, der Schutz der Erdatmosphäre wäre wirksam aufgrund der solaren Energien. Mit Hilfe der solaren Wasserstoffwirtschaft könnten auch die meisten OPEC-Länder, nicht zuletzt die Staaten am Persischen Golf, die Ablösung von der absoluten Energieressource Öl erreichen. Dies wiederum würde insgesamt zur Stabilisierung der Nah-Ost-Situation beitragen.

In EUROSOLAR arbeiten Bürgerinnen und Bürger ebenso wie Fachleute aus Wirtschaft, Wissenschaft und Kultur. Zu den Mitgliedern von EUROSOLAR zählen Persönlichkeiten wie Willi Brandt, Wilfried Bach, der zu der Enquete-Kommission des Deutschen Bundestags gehörte, der Wasserstoffexperte Ludwig Bölkow und der Präsident des Europäischen Umweltinstituts in Bonn, Ernst Ulrich von Weizsäcker. Man könnte diese Prominentenliste noch um einige Namen verlängern. Vorsitzender von EUROSOLAR ist der Bundestagsabgeordnete Hermann Scheer aus Baden-Württemberg.

Ende Mai hat EUROSOLAR auf der internationalen Energietagung in Neu Delhi zum Thema "Nord-Süd-Kooperation. Das Paradigma der Solarenergie" die Einrichtung einer internationalen Solarenergieagentur (ISEA) im Gegensatz zur bestehenden internationalen Atomenergieagentur im Rahmen der Vereinten Nationen vorgeschlagen. Diese Nachfolgeagentur sollte ebenfalls ihren Sitz in Wien haben. Zweck der ISEA soll die weltweite Förderung der solaren, erneuerbaren Energien sein.

Zur Zeit gibt es nationale Sektionen von EUROSOLAR in Italien, Österreich und der Schweiz, bis vor kurzem auch in der DDR. Inzwischen haben sich die beiden Ländersektionen von EUROSOLAR für die alte Bundesrepublik und die ehemalige DDR offiziell vereinigt. Seit Anfang 1991 gibt es eine gesamtdeutsche EUROSOLAR-Organisation, was freilich überhaupt nichts an dem Tatbestand eines "Energie-Gefälles" zwischen Ost und West ändert.

Die Eurosolar-Regionalgruppe Mainz/Wiesbaden hat bereits im Herbst 1990 die Initiative für eine Energie-"Partnerschaft" mit der thüringischen Metropole Erfurt ergriffen. Mainz ist Partnerstadt von Erfurt (Wiesbaden hingegen die von Görlitz). Ein Aufruf in der "Thüringer Allgemeinen" Anfang 1991 zur Gründung einer EUROSOLAR-Regionalgruppe Erfurt wurde von Seiten der Regionalgruppe Mainz/Wiesbaden bewußt lanciert. Damit soll ein Beitrag gegen das weiter bestehende "Energie-Gefälle" zwischen den alten und neuen Bundesländern geleistet werden. Die Idee lautet, daß jede westdeutsche Partnerstadt, in der eine EUROSOLAR-Regionalgruppe existiert, die "Geburtshelferrolle" mit Blick auf die jeweilige ostdeutsche Partnerstadt übernimmt (z.B. Hamburg gegenüber Dresden etc.). Damit soll auch der Aufbau bzw. Erhalt effektiv-dezentraler Strukturen der Energieversorgung in den Kommunen gegenüber dem Zugriff der fünf führenden westdeutschen Energiekonzerne (darunter RWE) auf die Ex-DDR gestärkt werden. Weitere nationale Sektionen sind im Aufbau in Spanien, in Dänemark und auch in den Ländern Osteuropas und in der Tschechoslowakei.

Auf Bundesebene arbeiten hierzulande mehrere Arbeitskreise zu den Themen

- Markteinführung der Solarenergie,
- Solarenergie und wirtschaftliche Strukturräume,
- Solarenergie und Dritte Welt sowie
- solare Verkehrssysteme der Zukunft.

Wir sehen den Begriff der Energieversorgung und -technik nicht verengt auf den Begriff der Stromwirtschaft. Dazu gehört genauso die Frage der Solararchitektur wie der zukünftigen Stadt- und Verkehrsplanung (z.B. des Einsatzes von Elektro- und Solarautos).

Am 15. November 1990 haben EUROSOLAR und der BUND Umwelt und Naturschutz gemeinsam die Aktion "1000 Solarfahrzeuge und Solartankstellen für Kommunen" gestartet. Ziel der Aktion ist die Bestellung von Elektrofahrzeugen und die Einrichtung von Solartankstellen durch die Kommunen, um damit den Herstellern den Übergang zur Produktion - zumindest in Kleinserien - zu ermöglichen. Im Rahmen dieser EUROSOLAR-/BUND-Aktion werden alle deutschen Städte und Gemeinden angeschrieben und aufgefordert, Bestellungen je nach Bedarf vorzunehmen. Sämtliche Hersteller bzw. Vertreiber von TÜV zugelassenen Solarmobilen werden in einer Aktionsbroschüre vorgestellt.

Grundsätzlich gilt: Je erfolgreicher die ohnehin wirtschaftlich und ökologisch gebotene Energieeinsparung sein wird, desto einfacher und schneller wird die Ersetzung problembeladener Energiequellen durch solare Energien stattfinden.

Für uns ist die Energieeinsparung, die Nutzung und der Einsatz rationeller Energietechnik die Basis und Grundvoraussetzung für alles Weitere. Das hat jetzt erste Priorität, um auf dem Gebiet der solaren Energien weiterzukommen.

Gegenwärtig arbeiten in der Bundesrepublik, einschließlich der fünf neuen Bundesländer, insgesamt achtzehn Regionalgruppen für das Ziel einer dezentralen Energiepolitik, des Energiesparens und der rationellen Energienutzung als Voraussetzungen für das solare Energiezeitalter. Ein bundesweiter "Arbeitskreis Kommunale Energiepolitik" soll künftig die Arbeit der einzelnen Regionalgruppen koordinieren. "Kommunalpolitische Handreichungen" zur Unterstützung der Regionalgruppen sollen erarbeitet werden.

Die inhaltliche Diskrepanz zwischen Bundes- und kommunaler Ebene hat sich bisher als ungemein groß erwiesen: die global favorisierten, großtechnischen Lösungsstrategien (Stichwort: solarer Wasserstoff) sind in den Kommunen absolut untauglich, zumindest, wenn es um mittelfristig umsetzbare Energie-Strategien geht.

Dezentrale Energiekonzepte stehen vermutlich 1992/93 mit der Einführung des EG-Binnenmarktes vor der härtesten Bewährungsprobe, denn die Europäische Integration (hier sind insbesondere die drei sich völlig zuwiderlaufenden Verträge EGKS/Montanunion, EURATOM und EWG zu nennen) führt mit beängstigender Zwangsläufigkeit zu einer höheren Form der Zentralisierung von Macht und Kompetenzen (auch) auf dem Energie-Sektor. Die europaweiten konzertierten Aktionen der Energiemultis (vor allem Frankreichs staatliche EDF und die westdeutschen Energieriesen wie RWE) sind hierfür ein Beleg. EUROSOLAR, das in Kürze in Brüssel ein zweites Büro eröffnen wird, fordert die Schaffung eines einheitlichen, ökologischen und klimaschonenden EG-Energievertrags. Vor allem der EURATOM-Vertrag muß durch einen "EUROSOLAR"-Vertrag zwecks massiver Förderung der erneuerbaren Energien ersetzt werden.

Die bisherige Arbeit von EUROSOLAR läßt sich durch folgende Merkmale charakterisieren:

1) Die Begrenzung des Themas und die Konzentration der Energiediskussion auf die solare Dimension, die in der Bezeichnung der "Vereinigung für das solare Energiezeitalter" zum Ausdruck kommt. Hier hat EUROSOLAR Lösungsmodelle entwickeln wollen, die pragmatisch und umsetzbar sein sollten. Durch die Veränderung der Energiediskussion auf Grund der gesamtpolitischen Entwicklung zwischen West und Ost erscheint ein Teil der Vorschläge überholt, nachdem - zumindest bis Ende 1990 - eine internationale Übereinstimmung über die Risiken der Atomenergie vorzuliegen schien. EUROSOLAR nimmt für sich in Anspruch, über einen nicht-technischen Weg die politische Entdeckung regenerativer Energien vorwärtsgebracht zu haben. Dazu gehört auch die Entdeckung der Energieeinsparung.

2) Ein zweites Merkmal, das die Arbeit von EUROSOLAR charakterisiert, ist die Kritik, die gegenüber neuen technologischen Lösungen vorgebracht wird. Es

geht insbesondere darum, daß schon vorliegende technische Erkenntnisse nicht umgesetzt werden. Die Langsamkeit der Entwicklungsprozesse zeigt sich besonders an der Tatsache, daß technische Erkenntnisse unter fremden Kriterien, wie z.B. wegen Marktinteressen oder wegen des Profitinteresses der Versorgungsunternehmen verschleppt werden. Die irrationale Behandlung zeigt sich z.B. auch in der Atomstromdebatte, bei der bisher keine realistische Berechnung der Kosten vorgenommen wurde. Um so mehr Bedeutung hat in diesem Zusammenhang die "Prominentenliste" der Vertreter aus Industrie und Technik, die bei EUROSOLAR als Mitglieder gemeldet sind. Sie stehen für den Gedanken, daß technische und ökologische Zielsetzungen miteinander vereinbar sind.

3) Die Verbindung mit Technikern, mit Ingenieuren oder Industriellen weist auf eine gewisse Ambivalenz der Aktivitäten von EUROSOLAR hin. EUROSOLAR orientiert sich in der Arbeit an Technik und damit an einer technikabhängigen Zielperspektive. Technikorientierung war ohne Zweifel auch Voraussetzung für die Bemühung von EUROSOLAR, die Möglichkeit der Wasserstoffnutzung so stark in den Vordergrund zu stellen. Obwohl kritische Argumente nicht übersehen werden, setzt EUROSOLAR auf die Beherrschbarkeit der Folgen dieser Technologie. EUROSOLAR ist überzeugt, daß die Eigengesetzlichkeit einer Technikanwendung dann nicht zu bedenklichen Entwicklungen führt, wenn von Anfang an auf die richtigen Zielsetzungen geachtet wird. Der Einsatz regenerativer Energien führt nach dem Zukunftsszenario von EUROSOLAR nicht zu einem grundsätzlich geringerem, sondern zu einem effektiveren Energieverbrauch. Dieses Szenario baut auf Einsparung auf, um den sonst unumgänglich werdenden Komfortverzicht alternativ abzuwehren.

Im Entwurf von EUROSOLAR überwiegt ein Zukunftsmodell des weiterführenden Fortschritts, der allen Menschen zugute kommen soll. Um den Nachholbedarf der heute weniger entwickelten Länder befriedigen zu können, bejaht EUROSOLAR auch die technologische Weiterentwicklung, die die Eckdaten bisheriger Entwicklungen - ohne ihre schädlichen Wirkungen - verstetigt. Die Nutzung von Landschaft für großtechnische Solaranlagen wird vorgeschlagen, weil hinsichtlich der Zielfrage ökonomische Kriterien von EUROSOLAR anerkannt werden.

4) Aus dem Gesagten läßt sich ablesen, daß EUROSOLAR in mancher Hinsicht im Vergleich zu anderen Umweltgruppen eine geringere ökologische Tiefe hinnimmt. Kritik ist dennoch nicht angebracht, wenn EUROSOLAR die Priorität anders gesetzt hat. Bei EUROSOLAR ist die Frage des ökologischen Anspruchs vorwiegend pragmatisch gelöst. Wenn andere Umweltinitiativen konsequentere Schritte verlangen, lassen sie nicht erkennen, mit welchen Mitteln sie diejenigen Verhaltensänderungen herbeiführen, die Voraussetzung ihres Konzepts sind. Es fehlt hier die "Technologie", die dem Ansatz innewohnende Zeit- und Gesellschaftskritik adäquat und aktuell umzusetzen.

EUROSOLAR will Übergangsmodelle in ein neues Energiezeitalter einer ökologisch orientierten Technik realisieren - in konkreten Schritten, unter Beteiligung von möglichst vielen Leuten. Auffallend ist, daß EUROSOLAR Offenheit für verschiedene Zielgruppen erreichen will. Politiker, Ingenieure, Versorgungsunternehmen und die privaten Konsumenten sollen aus ihrer jeweiligen Interessenlage mitwirken. Das Zusammenwirken soll und wird lokale, regionale, nationale und europäische Strategien ergeben.

Vordringlich sind jedoch dezentrale Ansätze. Es besteht akuter Handlungsbedarf im kommunalen Bereich. Was wir als Regionalgruppe EUROSOLAR tun und tun können, soll im folgenden dargestellt werden.

Was die Kommunen, besonders die Städte, gegen die drohende Klimakatastrophe unternehmen, das wird der Dreh- und Angelpunkt sein, um die Bedrohungen der Zukunft abzuwenden. Deshalb gibt es das Klimabündnis europäischer Städte mit dem Ziel, die Klimakatastrophe abzuwenden. Die Empfehlungen der Enquete-Kommission, die CO_2-Emissionen um mindestens 30 Prozent zu reduzieren, müssen auch von den Städten beachtet werden.

Wir fragen als EUROSOLAR-Regionalgruppe, was Städte wie Mainz oder Wiesbaden konkret dazu beitragen können. Hierin liegt der qualitative Unterschied zu möglichen anderen Ansätzen. EUROSOLAR versteht sich als sehr handlungsorientiert und als politische Lobby für das Energiesparen, als Lobby für die Sonne, als Brückenschlag zwischen Wissenschaft und Kommunalpolitik.

Die EUROSOLAR-Regionalgruppe Mainz-Wiesbaden nennt sich auch deshalb so, weil es für Mainz und Wiesbaden eine gemeinsame Energieversorgung gibt, nämlich die Kraftwerke Mainz-Wiesbaden (KMW). Dieses Versorgungsunternehmen betreibt auf der Ingelheimer Aue 3 Kohleblöcke und einen Gas-Kombi-Block, die die Stadtgebiete in einem Energieverbund mit Strom und Wärme versorgen. Daneben bestehen in den Städten Mainz und Wiesbaden eigene Stadtwerke, die ESWE Wiesbaden und die Stadtwerke AG Mainz, die die Versorgung des privaten und kommunalen Bedarfs übernehmen. Beide Städte verfügen über ein Fern-Wärme-Netz, das nach unserer Ansicht nicht ausreichend ausgebaut ist. Durch den hohen Eigenanteil in der Stromerzeugung sind Mainz und Wiesbaden zu einem sehr geringen Anteil auf Fremdstrom angewiesen. In diesem Fremdstrom ist durch den Anschluß an das internationale Verbundnetz eben auch Atomstrom. Die EUROSOLAR-Regionalgruppe setzt sich dafür ein, daß der Fremdstromvertrag ersetzt wird und an seiner Stelle eine hundertprozentige Eigenversorgung sichergestellt wird.

Die EUROSOLAR-Regionalgruppe besteht seit dem 18. Januar 1989, ist also ein halbes Jahr später als die Bundesvereinigung gegründet worden. Sie umfaßt zur Zeit etwa 35 Mitglieder. Die Regionalgruppe versteht sich in der Energiediskussion als öffentliche "Ruhestörer". In Wiesbaden und Mainz treten wir für eine konsequente kommunale Energiewende in allen Bereichen ein, vom Strom bis zum Verkehrsbereich.

Eine wesentliche Komponente der Arbeit der Regionalgruppe besteht in der permanenten Aufklärungsarbeit in Sachen dezentraler Energiepolitik, Energiesparen und Einsatz rationeller Energietechniken.

Zu diesem Zweck veranstalten wir halbjährlich - alternierend in Mainz und Wiesbaden - sogenannte EUROSOLAR-Hearings. Bürgerinnen und Bürger erhalten Gelegenheit, Fragen an Politiker und Energieexperten zu stellen. Die EUROSOLAR-Hearings finden jeweils im Frühjahr und im Herbst statt. Im Rahmen der Hearings wurden bislang eine Reihe von Schwerpunktthemen behandelt. Unter anderem wurde das "Rottweiler Modell" vorgestellt, das zeigt, wie auch eine kleinere Kommune durch den konsequenten Einsatz von Blockheizkraftwerken und alternativen Energiekonzepten die Energiewende betreiben kann.

Mit den Verkehrssystemen der Zukunft setzte sich das Herbsthearing 1989 auseinander: "Das solare Verkehrssystem - Konkrete Utopie für eine umweltfreundliche Mobilität". In Zusammenarbeit mit den Stadtwerken Mainz und Referenten aus dem ganzen Bundesgebiet gelang eine erste Diskussion über die kommunalen Einsatzmöglichkeiten von Elektro- und Solarautos sowie von Elektro- und Solarbussen. Eine Broschüre mit den Fachreferaten soll demnächst in Koproduktion mit den Verkehrsbetrieben der Stadtwerke Mainz erscheinen. Nicht zuletzt die anhaltende Mainzer Diskussion über die Ziele der Verkehrspolitik macht deutlich, wie aktuell die Perspektiven des solaren Verkehrssystems eigentlich sind.

Das Herbsthearing 1990 beschäftigte sich mit den Empfehlungen der Enquete-Kommission, den CO_2-Ausstoß um mindestens 30% zu verringern und mit der Frage, was Mainz dazu tun kann. Dazu wurde als ein möglicher Weg das "Saarbrücker Modell" vorgestellt. Durch eine Kombination aus modernen Marketing-Strategien, dem Einsatz von regenerativen Energien und umfassenden Energiesparprogrammen der frühzeitigen Einrichtung eines zeitvariablen Stromtarifs ist Saarbrücken bundesweit als "Modell" aufgefallen.

Außerdem haben wir regelmäßig EUROSOLAR-Fachvorträge angeboten, z.B. zu den Themen Solararchitektur und solares Bauen sowie zum Status quo der Mainzer und Wiesbadener Energiepolitik, wo wir uns insbesondere mit den Empfehlungen des Wiesbadener Energiebeirats beschäftigt haben. Im Unterschied zu Mainz gibt es in Wiesbaden seit zwei Jahren ein fertiges Energiegutachten. Es liegt dort in der Schublade. Dies zeigt ein Grundproblem, mit dem wir immer wieder zu tun haben, daß nämlich die technischen und wirtschaftlichen Bedingungen gegeben sind, daß die umfassenden Ansätze dennoch nicht umgesetzt werden. Fachämter und Kommunalpolitiker erweisen sich schließlich als "Bremser".

EUROSOLAR versteht sich als Lobby dafür, daß solche Erkenntnisse und Gutachten, die bereits existieren, auch genutzt und konsequent umgesetzt werden. Unser Ziel ist es, jeden einzelnen Bürger zu motivieren, über seinen persönlichen Umgang mit Energie nachzudenken, die individuelle Ebene anzusprechen, aber auch im öffentlichen Bereich am Thema zu bleiben.

Wir fordern die Erarbeitung einer umfassenden kommunalen Energiestudie, die von einem wissenschaftlichen Institut erstellt werden müßte. Diese Energiestudie sollte Grundlage für die Detailplanungen sein, die zur Energiewende führen.

Ein Thema, mit dem wir uns häufig auseinandersetzen mußten, ist die energierechtliche Problematik. Wir haben z.B. überlegt, ein Rechtsgutachten über den Fremdstromvertrag in Auftrag zu geben. Besonders interessant wäre die Frage, ob nicht nur den Politikern, sondern auch den Bürgern ein Informationsrecht über diese Verträgen zusteht. Wir fordern "Glasnost" in der Energiepolitik. Das ist zur Zeit noch lange nicht gegeben. Die Energieversorger wollen sich nicht in die Karten gucken lassen.

Die EUROSOLAR-Regionalgruppe Mainz/Wiesbaden hat im Sommer 1990 daher zusammen mit den im "Forum aktiv für Umwelt und Gesundheit" organisierten Mainzer und Wiesbadener Umweltgruppen (vom BUND über die Elterninitiative Restrisiko e.V. bis hin zum Verkehrs-Club-Deutschland) eine Anti-Atomstrom-Kampagne "Mainz ohne Atom" gestartet. Ziel der Kampagne ist die Kündigung der beiden Fremdstromverträge der Kraftwerke Mainz/Wiesbaden (KMW) mit dem RWE. Die Wirtschaftlichkeit einer Loslösung der KMW vom RWE sieht die EUROSOLAR-Regionalgruppe durch eine Ausweitung des bisherigen Versorgungsgebiets der KMW gegeben (über Mainz/Wiesbaden und Umland hinausgehend).

Hinzu kommen müßte ferner ein Rhein-Main-Energieverbund der Städte Frankfurt/Main, Mainz und Wiesbaden, wie es ihn bis Ende der 60er Jahre schon einmal gegeben hat. Damit wäre zudem das "Reservekapazitäten"-Problem gelöst; im Notfall (bei Ausfall eines Kraftwerks) könnten die Partnerkommunen aushelfen.

Wir wollen demnächst eine Kampagne starten, um die Forderungen der Enquete-Kommission Klima zu übergreifenden, gesamtgesellschaftlichen Lösungen zu führen. Was wir für Mainz und Wiesbaden fordern, ist ein kommunaler CO_2-Reduktionsplan, der unter der Prämisse erstellt wird, den CO_2-Ausstoß für die kommunalen Bereiche konkret und wirksam zu reduzieren. Dazu müssen viele andere Bedingungen noch geändert werden, so z.B. die rahmenrechtlichen Voraussetzungen auf Bundesebene. Das Land muß alternativen Energieeinsatz fördern, die Kommunen müssen für ihre Bürger besser planen und die Stadtwerke neue Maßstäbe der Wirtschaftlichkeit entwickeln.

Das Thema der Energiepolitik und der Klimakatastrophe ist zu wichtig, als daß es in der Zukunft zwischen Interessengruppen oder parteipolitischen Positionen aufgerieben werden dürfte. Die Energiewende erfordert übergreifende Lösungen, in deren Rahmen die reinen Energieversorgungsunternehmen sich wandeln zu modernen Energie-Dienstleistungsunternehmen. Das bedeutet auch den Wandel von der "Ware" zum Dienstleistungsgut Energie. Dezentrale Strukturen führen auch zu einer Demokratisierung der kommunalen Energiewirtschaft.

Kommunalpolitik hat Bedingungen, die auch die Arbeit der Regionalgruppe beeinflussen:

1) Die erste Bedingung ist dadurch gekennzeichnet, daß sich die Kommunalpolitik für einen großen Teil der energiepolitischen Fragen nicht zuständig fühlt und daß sie vor den schwierigen Fragen, die die Zukunft der Energieversorgung betreffen, gerne zurückweicht. Kommunalpolitik versucht, über Gutachten und andere "Rastplätze" des Nachdenkens auszuweichen. Die Entscheidungen, die notwendig sind, werden nicht getroffen. Dies läßt sich deutlich an den Entscheidungsprozessen ablesen, die mit der Zukunft des Verkehrs oder der Energieversorgung zu tun haben. Wichtig ist es deshalb für eine Umweltinitiative, Bundesgenossen zu finden. Wir haben versucht, zu den Energieversorgern Kontakt aufzunehmen, obwohl gerade die EVUs in dieser Sache unerwartete Partner sind. In eine Planungsdiskussion mit ihnen einzutreten und mit ihnen Zielvorstellungen zu entwickeln, erscheint uns nicht nur notwendig, sondern auch als gangbarer Weg.

Leitvorstellungen und Modellerfahrungen in kommunale Praxis nicht nur zu transferieren, sondern beispielgebende Kommunen wie Rottweil oder Saarbrücken den Gemeinden vorzustellen, kann Kommunalpolitiker am ehesten dazu bewegen, die eigenen Entscheidungen an Erkenntnissen und Erfahrungen anderer auszurichten.

2) Eine weitere Strategie muß versuchen, die für die Kommunalpolitik Verantwortlichen, die Bürgermeister, die Stadträte, die Mitglieder des Kreistags oder auch die des Landtags für die Frage der Zukunftsenergie einzunehmen. Wir haben deshalb in den EUROSOLAR-Veranstaltungen besonders darauf geachtet, zu informieren und Lösungskonzepte vorzustellen, die konkret Machbares beschreiben. Es war von Vorteil, an Politiker zu vermitteln, wie und was sie mit den Bürgern erreichen können und wie sie selbst zur Lösung beitragen könnten. In dieser Richtung halten wir unsere Arbeit für effektiver als die von Ingenieurgesellschaften, die zwar über mehr Technikwissen verfügen als die normalen Mitglieder von EUROSOLAR, die aber nach unserer Erfahrung immer dort aufhören, wo Wissen nach Lösungsstrategien verlangt.

3) Neben den Politikansätzen bleibt es für die kommunale Arbeit von großer Bedeutung, die einzelnen Bürgerinnen und Bürger durch Beratung zu gewinnen. Dieser Ansatz ist besonders wirksam, wo es um Beispiel und Empfehlungen des Energiesparens geht. Der individuelle Weg hat große Bedeutung. Nicht nur die Kommunen sind es, die neue Möglichkeiten realisieren sollten, sondern auch der einzelne, der private Haushalt wird den Energiemarkt beeinflussen. "Regenerative" Energie wird auch aus Energiesparen gewonnen.

4) Energiethemen bleiben nicht Energiethemen. Andere Themen aus dem kommunalen Bereich müssen mit einbezogen werden. Dies betrifft den Bereich des Energieverbrauchs im privaten Nahverkehr - hier müssen Konzepte des öffentlichen Nahverkehrs entwickelt werden -; dies betrifft den privaten Verbrauch - sichtbar zur Belastung geworden in Müll und Abfällen -; dies betrifft schließlich auch die Planung in Städten und Gemeinden.

Die mögliche Zukunft der kommunalen Energiewirtschaft in Mainz und Wiesbaden hat die EUROSOLAR-Regionalgruppe mit Memorandum "Für ein Zukunftskonzept Energie" im Frühjahr 1990 beschrieben. Dieses Memorandum soll abschließend im Wortlaut vorgestellt werden.

Für ein Zukunftskonzept Energie

Kommunales Memorandum für Städte, Kreise und Gemeinden im Rhein-Main-Gebiet

Im Bewußtsein um die Gefahren für unsere Welt und in Verantwortung um die Zukunft legt die EUROSOLAR - Regionalgruppe

ein ZUKUNFTSKONZEPT ENERGIE vor.

Die Gemeinde- und Stadträte, die kommunalen Eigenbetriebe und die Energieversorgungsunternehmen werden aufgefordert, aktiv und wirksam zur Energiewende beizutragen.

Wenn jetzt nicht gehandelt wird, ist die weltweite, ökologische Katastrophe vorprogrammiert:

Das Verbrennen von immer mehr Kohle, Öl und Gas führt zum Ausstoß riesiger Schadstoffmengen.

Energieverschwendung heizt die Erdatmosphäre auf bis zur Klimakatastrophe.

Atomunfälle können uns alle atomar verseuchen; ein GAU in Biblis würde den gesamten Ballungsraum Rhein-Main unbewohnbar machen und Tausenden von Menschen das Leben kosten.

Dagegen setzt EUROSOLAR, die Vereinigung für die Energiewende, auf regenerative und solare Energie und vor allem auf Energieeinsparung.

Atomwirtschaft und das Risiko der Klimakatastrophe sollen durch sanfte Energienutzung verhindert werden.

Dieses Programm zur Umorientierung des kommunalen und privaten Energiemarktes umfaßt folgende Aktionsbereiche:

Aktionsbereich 1:

Es sind Energie-Spar-Konzepte zu entwickeln, die für den Zeitraum der nächsten 5 oder 10 Jahre möglichst genaue quantifizierte Ziele vorgeben. Ziel soll ein Niedrig-Energie-Haus sein, bei dem der Energiebedarf bei nur 20 bis 40 KWh pro Quadratmeter liegt.

Notwendige Einzelmaßnahmen dazu sind:

die Erstellung eines umfassenden Energiegutachtens; darin sollen die Einsparpotentiale, die sich ohne Komfortverzicht im Strom- und Wärmebereich gewinnen lassen, bei öffentlichen und privaten Gebäuden untersucht und dargestellt werden;

Mittel für die Durchführung der Untersuchung und für begleitende Maßnahmen sollen durch eigene Haushaltsansätze, sog. Energiesparetats, bereit gestellt werden.

Aktionsbereich 2:

Alternativen, regenerativen Energien muß eine ökonomische Verwertbarkeit eingeräumt und zugestanden werden.

Die Kosten-Nutzen-Relation muß dadurch verbessert werden, daß alternative Energie in der Anwendung optimiert wird und neue Anwendungsbereiche erhält.

Notwendige Einzelmaßnahmen dazu sind:

Die Kommunen sollen den Einbau von Sonnenkollektoren durch Beratung und Finanzhilfen fördern, sie sollen den Bau von Niedrig-Energie-Häusern durch die Zusammenarbeit mit Wohnungsbaugesellschaften voranbringen und in eigenen Gebäuden solare Energien dort nutzen, wo nicht durch Energieeinsparung mehr erreicht wird.

Sonnenenergie könnte besonders bei den kommunalen Schwimmbädern eingesetzt werden.

Für eine zukünftige Verwendung anderer alternativer Energien aus Wind, Wasserkraft und Biomasse sollen Modellprojekte durchgeführt werden.

Aktionsbereich 3:

Die unterschiedlichen Energieträger müssen gleichmäßig eingespart werden. Deshalb ist der Energieverbrauch von Heizung, Beleuchtung, Lüftung und Warmwasser in gleicher Weise zu kontrollieren.

Der öffentliche Energieverbrauch - ob in Gebäuden oder Fahrzeugen - ist deutlich zu senken. Die öffentlichen Gebäude sind hinsichtlich des Energiesparkonzepts und vorgegebener Grenzwerte regelmäßig zu überprüfen.

Öffentliche Gebäude müssen vorrangig auf die Nutzung regenerativer Energien umgerüstet werden, soweit nicht wirksame Maßnahmen der Energieeinsparung ausreichen.

Notwendige Einzelmaßnahmen dazu sind:

Energieversorger sollen umgewandelt werden in Dienstleistungsunternehmen, die Energiesparkonzepte dem Kunden verkaufen. Um dirigistische Maßnahmen zu vermeiden, müssen die Städte, Landkreise und Gemeinden in ihrem eigenen Bereich die Anwendbarkeit eines solchen Konzepts modellhaft erproben und ihren Bürgern überzeugend vorstellen.

EUROSOLAR fordert die Kommunen auf, einzelne Projekte zur kombinierten Erprobung von Energiesparkonzepten und alternativen Technologien zu verwirklichen. Dazu sollen in den Zentren u.a. ein Ökohaus gebaut, sollen Energiesparmaßnahmen in Altbauten in Demonstrativvorhaben verwirklicht und Architektenwettbewerbe für energiesparendes und ökologisches Bauen in den nächsten Jahren durchgeführt werden.

Kommunale Wohnungsbaugesellschaften sollen verpflichtet werden, konkrete Planungen für energiesparende Maßnahmen vorzulegen. Die kommunalen Gesellschafter übernehmen für solche Maßnahmen 30 % der Mehrkosten bzw. gewähren für solche Projekte, unabhängig davon, ob sie von privat-gewerblicher oder öffentlicher Seite durchgeführt werden, Zuwendungen.

Aktionsbereich 4:

Die Energieversorgung für die Städte und Gemeinden soll in die kommunale Verantwortung übernommen werden.

Konzessionsverträge sind jetzt kritisch zu überprüfen.

Der Termin eines möglichen Ausstiegs ist im langfristigen, kommunalen Energiesparprogramm deutlich zu vermerken.

Notwendige Einzelmaßnahmen dazu sind:

Statt des Ausbaus der Großtechnologie im Kraftwerk Mainz - Wiesbaden ist in den nächsten Jahren ein Verbundnetz von Blockheizkraftwerken aufzubauen. Der Bezug von Fremdstrom, der in das Netz der KMW eingespeist wird, ist in einem Mehrjahresplan zu reduzieren. Nur dadurch kann ausgeschlossen werden, daß Energie-Lieferverträge mit der RWE für Atomstrom benutzt werden.

Die Stadtwerke bzw. die jeweiligen Energieversorger führen ein Nutzwärmekonzept nach dem Vorbild der Stadt Rottweil durch. Private Haushalte erhalten dadurch die Möglichkeit, an einer sinnvollen Nutzung alternativer Energien teilzunehmen und gleichzeitig durch die technische Erfassung aller Energieverbraucher wirksames Energiesparen durchzuführen.

Die Versorgungsunternehmen bieten Aufzeichnungsgeräte und Schaltsysteme an, mit denen die Daten des jeweiligen Energieverbrauchs tages- und monatsbezogen vom Verbraucher kontrolliert werden können.

Die Umstellung auf alternative Energie soll durch öffentliche Zuschüsse gefördert werden. Maßstab aller Zuschüsse ist der realisierbare Effekt der Einsparung an Energie bzw. die Umsetzung des Konzepts der Energiewende.

Spitzenlastzeiten sollen abgebaut werden. Privater Verbrauch, der Spitzenlastzeiten vermeidet, wird durch Tarif begünstigt. Mehrverbrauch wird in der Tarifgestaltung nicht mehr belohnt, sondern durch höhere Gebühren belastet.

Von der an angeblichen Wirtschaftlichkeitskriterien orientierten Energieversorgung soll abgegangen werden. Energieverkauf muß nach ökologischen Gesichtspunkten umorientiert werden. Langfristige Schäden aus zu hohem Energieverbrauch sind in die Betrachtung einzubeziehen. Information und Beratung der Bürger werden ausgebaut. Die Einrichtung eines Zentrums für Energie-, Wasser- und Umwelttechnik erfolgt möglichst rasch. In Zusammenarbeit zwischen Stadt, Energiedienstleistungsunternehmen, Wirtschaft und Forschungsinstituten wird dem Bürger ein umfassendes und auf seine jeweilige Situation bezogenes Energie-Dienstleistungspaket angeboten.

Aktionsbereich 5:

Energiesparmodelle können nur wirksam umgesetzt werden, wenn kommunales Handeln insgesamt an ökologischen Zielsetzungen orientiert wird. Dazu gehören auch die Bereiche der Stadtplanung, der Verkehrspolitik, die Vermeidung von Müll und andere Bereiche kommunaler Verantwortung. Die Kommunen können so eine wichtige Rolle in der Umorientierung des privaten und öffentlichen Lebens übernehmen.

Diskussion zum Beitrag von EUROSOLAR

(Zusammenfassung durch H. Borchers, A. Föller und B. Hedderich)

Die Diskussion konzentrierte sich auf drei Themenbereiche:
(a) Konkrete Forderungen von Eurosolar an die Stadtwerke Mainz
(b) Möglichkeiten der Einflußnahme kommunaler Energieinitiativen
(c) Unterschiedliche Energieversorgungsstrukturen von Städten und ländlichen Gebieten

(a) Konkrete Forderungen von Eurosolar an die Stadtwerke Mainz

Die Vertreter von Eurosolar fordern, daß die Kommunen verstärkt Zuständigkeiten im Energiesektor an sich ziehen sollen. Verwiesen wird auf Vorbilder in der Bundesrepublik, wie Rottweil oder Saarbrücken. Die Möglichkeit, Entscheidungen auf kommunaler Ebene treffen zu können, ist notwendige Voraussetzung für die Umwandlung der Stadtwerke von Energieversorgungsunternehmen hin zu Energiedienstleistungsunternehmen.

Darüberhinaus wird speziell für Mainz eine Verbesserung der Verbraucherinformation gefordert, z.B. ein Beratungs- und Demonstrationszentrum für Solarenergie im Niedertemperaturbereich, wie es im Raum Nürnberg-Erlangen bereits existiert. In Mainz fehlt ein solches Informationsangebot bisher. Allerdings wurde seine Einrichtung von den Stadtwerken angekündigt. Zu überlegen ist auch, wie ein solches Beratungsangebot am besten an den Verbraucher herangetragen werden kann. Es ist schwierig, den Verbraucher mit Energieberatung als isoliertem Angebot zu erreichen, da er dieses zu wenig nachfragt. Deswegen ist es zweckmäßig, diese Beratungsstellen in ein Kommunikationszentrums zu integrieren.

(b) Möglichkeiten der Einflußnahme kommunaler Energieinitiativen

Auf die Frage, welche kommunalpolitischen Schritte notwendig sind, um Energiesparen zu fördern und wie eine kommunale Energieinitiative Einfluß auf die kommunalen Entscheidungen nehmen kann, verweisen die Eurosolarvertreter auf die Zähigkeit kommunalpolitischer Entscheidungsprozesse. Als wichtigsten Bestandteil ihrer Strategie geben sie die Öffentlichkeitsarbeit an, d.h. das Aufzeigen von Problemen und das Darstellen von Lösungsmöglichkeiten bei den kommunalpolitischen Entscheidungsträgern und der Bevölkerung. Allerdings weisen sie auch darauf hin, daß dies ein mühsamer und mitunter frustrierender Prozeß ist.

(c) Unterschiedliche Energieversorgungsstrukturen von Städten und ländlichen Gebieten

Auf die Frage, ob sich die Strukturen im Stadt-Umland-Vergleich zwischen den Städten Mainz/Wiesbaden und z.B. dem Kreis Mainz-Bingen stark unterscheiden, verweisen die Referenten auf die für die Bundesrepublik eher untypische Situation in Mainz/Wiesbaden, die zum einen durch die besondere Kundenstruktur (mehr als 80% des Verbrauchs gehen an Industriekunden) und zum anderen durch einen hohen Eigenerzeugungsanteil an Strom (eigenes Kraftwerk) gekennzeichnet ist. Durch diesen hohen Eigenerzeugungsanteil ist auch die kommunale Einflußmöglichkeit sehr hoch, was die Durchsetzungsmöglichkeiten von Energiesparinitiativen begünstigt. Im Umland ist die Situation eine andere. Die dortigen Gemeinden sind wegen mangelnder Eigenerzeugung völlig von der Versorgung durch das RWE abhängig. Aber auch hier haben die Gemeinden einen gewissen energiepolitischen Spielraum, kurzfristig zur Förderung von Einsparmaßnahmen und längerfristig durch Modifizierung oder Kündigung der Konzessionsverträge.

Autorenverzeichnis:

Dr. Richard Auernheimer
Hauptstr. 31
6555 Badenheim.

Prof. Dr. Hermann Bartmann
Johannes Gutenberg-Universität
Fachbereich 03
Saarstr. 21
6500 Mainz

Martin Frenzel
Neue Universitätstr. 7
6500 Mainz.

Prof. Dr. Peter Hennicke
Wimpfener Str. 12
6800 Mannheim 51

Prof. Dr. Hans G. Nutzinger
Gesamthochschule Kassel
Fachbereich Wirtschaftswissenschaften
Nora-Platiel-Str. 4
3500 Kassel

Weitere Bücher vom GABLER-Verlag zum Thema „Umwelt" (Auswahl)

Horst Albach (Hrsg.)
Betriebliches Umweltmanagement
1990, 158 Seiten, Gebunden DM 68,—
ISBN 3-409-13381-X

Thomas Dyllick
Management der Umweltbeziehungen
Öffentliche Auseinandersetzungen als
Herausforderung
1989, XX, 527 Seiten, Broschur DM 98,—
ISBN 3-409-13353-4

Eberhard Fees-Dörr/Gerhard Prätorius/
Ulrich Steger
Umwelthaftungsrecht
Bestandsaufnahme, Probleme, Perspektiven der
Reform des Umwelthaftungsrechts
1990, 193 Seiten, Broschur DM 58,—
ISBN 3-409-17731-0

Jürgen Freimann
**Instrumente sozial-ökologischer
Folgenabschätzung im Betrieb**
1989, 338 Seiten, Broschur DM 78,—
ISBN 3-409-13408-5

Jürgen Freimann (Hrsg.)
**Ökologische Herausforderung
der Betriebswirtschaftslehre**
1990, 233 Seiten, Broschur DM 58,—
ISBN 3-409-13426-3

Manfred Kirchgeorg
**Ökologieorientiertes
Unternehmensverhalten**
Typologien und Erklärungsansätze auf
empirischer Grundlage
1989, XVI, 354 Seiten, Broschur DM 98,—
ISBN 3-409-13366-6

Hartmut Kreikebaum (Hrsg.)
Integrierter Umweltschutz
Eine Herausforderung an das Innovations-
management
1991, 230 Seiten, Broschur DM 44,—
ISBN 3-409-23363-6

Wolfgang Müller
Haftpflichtrisiken im Unternehmen
Produkt- und Umwelthaftung
1989, 145 Seiten, Broschur DM 44,—
ISBN 3-409-18511-9

Organisationsforum Wirtschaftskongress e.V.
OFW (Hrsg.)
Umweltmanagement
Im Spannungsfeld zwischen Ökologie und
Ökonomie
1991, 376 Seiten, Gebunden DM 78,—
ISBN 3-409-19095-3

Manfred Schreiner
Umweltmanagement
Ein ökonomischer Weg in eine ökologische
Wirtschaft
1988, 320 Seiten, Broschur DM 44,—
ISBN 3-409-13346-1

Eberhard Seidel/Heinz Strebel (Hrsg.)
Umwelt und Ökonomie
Reader zur ökologieorientierten Betriebswirt-
schaftlehre
1991, 521 Seiten, Broschur DM 69,—
ISBN 3-409-13806-4

Wolfgang Staehle/Edgar Stoll (Hrsg.)
**Betriebswirtschaftslehre
und ökonomische Krise**
Kontroverse Beiträge zur
betriebswirtschaftlichen Krisenbewältigung
1984, 442 Seiten, Broschur DM 64,—
ISBN 3-409-13037-3

Volker Stahlmann
Umweltorientierte Materialwirtschaft
Das Optimierungskonzept für Ressourcen,
Recycling, Rendite
1988, 208 Seiten, Gebunden DM 78,—
ISBN 3-409-13917-6

Ulrich Steger
Umweltmanagement
Erfahrung und Instrumente einer umwelt-
orientierten Unternehmensstrategie
1988, 350 Seiten, Gebunden DM 68,—
ISBN 3-409-19120-8

Zu beziehen über den Buchhandel
oder den Verlag.
Stand: 1.12.1991
Änderungen vorbehalten.

GABLER
BETRIEBSWIRTSCHAFTLICHER VERLAG DR. TH. GABLER, TAUNUSSTRASSE 54, 6200 WIESBADEN